一本书
看懂
区块链

尚超　刘飞　著

 中国友谊出版公司

图书在版编目（CIP）数据

一本书看懂区块链 / 尚超，刘飞著．— 北京 ：中国友谊出版公司，2021.4

ISBN 978-7-5057-5125-5

Ⅰ．①一… Ⅱ．①尚… ②刘… Ⅲ．①区块链技术—研究 Ⅳ．① TP311.135.9

中国版本图书馆 CIP 数据核字（2021）第 005786 号

书名	一本书看懂区块链
作者	尚 超 刘 飞 著
出版	中国友谊出版公司
发行	中国友谊出版公司
经销	新华书店
印刷	三河市冀华印务有限公司
规格	787×1092 毫米　16 开
	13.75 印张　150 千字
版次	2021 年 4 月第 1 版
印次	2021 年 4 月第 1 次印刷
书号	ISBN 978-7-5057-5125-5
定价	45.00 元
地址	北京市朝阳区西坝河南里 17 号楼
邮编	100028
电话	（010）64678009

如发现图书质量问题，可联系调换。质量投诉电话：010-82069336

目 录

第一章

认识区块链

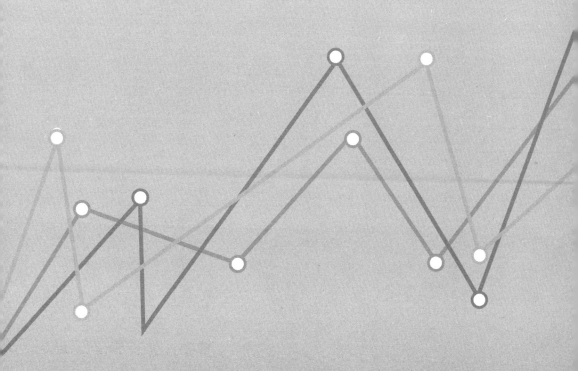

变革旧规律的新力量

有人说，区块链是一项新型科技，因为它是密码学、计算机科学和社会经济学的集大成应用；还有人说，区块链是一项营销工具，因为它是股市的强心剂，让很多上市公司"身价倍增"；也有人说，区块链是一个世纪骗局，因为它让很多投资者在击鼓传花的游戏里血本无归。

在百度百科中，区块链被这样定义：从科技层面来看，区块链是数学、密码学、经济学、社会管理学、互联网和计算机编程等很多学科交叉、优势互补而来的新型科技产品。从应用视角来看，简单来说，区块链是一个分布式的共享账本和数据库，具有去中心化、不可篡改、全程留痕、可以追溯、集体维护、公开透明等特点。对于我们普通人来说，区块链却总是缺乏了一些想象力，它不像人工智能、VR，有数以千计的好莱坞大片为我们描绘未来的场景，也不像大数据和云计算，让我们无时无刻不被包围在数据的浪潮中。就在很多人对区块链仅仅停留在概念层面之际，它却被列为继互联网之后最容易产生变革的四大科技——AI（人工智能）、B（Blockchain区块链）、C（Cloud云计算）、D（Big

Date）大数据——之一，一时间区块链在网络上炸开了锅，还被评为 2019 年十大年度词汇。从一个默默无闻的技术到"火到没朋友"，区块链经历了什么？为什么它如此重要？

一切要从数据讲起。相信大家对"生产要素""生产力""生产关系"这三个词并不陌生。在工业文明时代，煤、石油、天然气是关键的生产要素，而蒸汽机、电动机则是生产力提升的重要标志，工厂制和公司制是当时决定性的生产关系，毕竟社会的绝大部分生产要素掌握在极少数的当权者手中，所有生产关系也适应了大者恒大、强者恒强的既定规律。但是进入互联网时代之后，生产要素发生了变化，数以万计的数据支撑起了科技时代的独角兽，科技巨头依托海量的数据实现了万亿的市值，人工智能和云计算作为先进的生产力让数据成为改变旧有规律的新力量。

区块链技术不单单是一项科技，也不仅仅是一个工具，更不是什么惊天骗局，从底层的技术架构到上层的经济模型，从虚拟世界的野蛮生长到现实世界的赋能应用，区块链就像互联网一样，未来将会与我们的生活息息相关。区别于以信息交互为主的互联网，区块链的本质是一个嵌合了经济模型的分布链式数据库，具有泛中心化、透明开源、防篡改、可追溯的技术特性，它的核心在于实现权属的明晰、信用的穿底，进而达成利益分配的共识。区块链是未来价值互联网的基础设施。

区块链技术进入大家的视野是从中本聪发布的比特币白皮书开始

的，作为一种集合性的新型技术，区块链的概念究竟是什么呢？如果用说词解字的方式来拆分剖析，"区"代表了"区间"，它不是按照国家、民族或者地域来划分的，而是按照共识形成的组织，组织内的成员可以遍布五大洲四大洋，因为有着同样的共识，有着对贡献证明（即工作量证明）、利益分配的一致理解，所以选择了加入以技术为支撑的信任区间里。

再说"块"，我们可以理解为"模块"，模块是整个链条上的基本单元，包含着前一个"块"的加密散列、交易数据以及时间戳。它被创造的目的，是让所有的链上数据都具有可永久验证且无法被更改的属性，这无形中就向整个区块系统提供了一个免信任的共识支撑。

最后的"链"，可以解读为"连接"，一个个区块通过哈希验证连接在一起，如果想改变任何一个区块的内容，需要破解整个链条上所有区块的密码。伴随着信任区间的扩大，共识的强化，整个链条的安全性也会逐步增强，作恶的成本被无限放大。从共识的形成到技术的实现，区块链的核心是为了解决因信任产生的问题，是未来信任社会的重要基石。

在国务院印发的《"十三五"国家信息化规划》中，区块链作为革新型的技术被纳入了国家行动计划。2019年10月25日，中共中央政治局就区块链技术发展现状和趋势进行第十八次集体学习。习近平总书记在主持学习时强调，区块链技术的集成应用在新的技术革新和产业变革中起着重要作用。我们要把区块链作为核心技术自主创新的重要突破口，明确主攻方向，加大投入力度，着力攻克一批关键核心技术，加快推动区块链技术和产业创新发展。

从一项由数字货币发源的新技术，经历了万千创业者的追捧，也经历了被质疑、充满强监管的谷底，最后又成为国家级战略方针，这就是区块链的魅力，它让我们看到未来可期。

去中心化的区块链

区块链的技术本质是一个特殊的分布式、链式数据库，这个数据库由一个一个区块组成，区块是整个链式结构的基本单元，一个区块由记录着区块基础信息的"区块头"以及记录着所有具体交易信息的"区块体"构成。区块链组成的方式也很有意思（见图1-1），下一个区块将上一个区块的"区块头"的哈希值写入自己的区块中，即将上一个区块头的"头哈希"值填入新区块的"父哈希"字段中，区块与区块之间通过"父哈希"建立起对应的连接关系，进而组成一条完整的区块链。这就意味着，第一，我们可以通过索引当前区块的"父哈希"一直追溯到第一个创世区块。第二，如果有人妄图篡改其中一个区块上的任意一个数据，则会引起一连串区块哈希值的变化，其篡改行为则会立即被识别。也正是基于哈希算法的不可逆性，保证了上链数据不可篡改。

事实上，区块链并不是一个单一方向的技术创新，而是基于原有的密码学、分布式数据库、点对点通信等技术的融合而形成的一种创新解决方案，其最大的创新可以说是引入了一种用分布式技术单元来代替传统的中心单元掌管系统运行的共识机制和奖励机制。从哲学的角度来

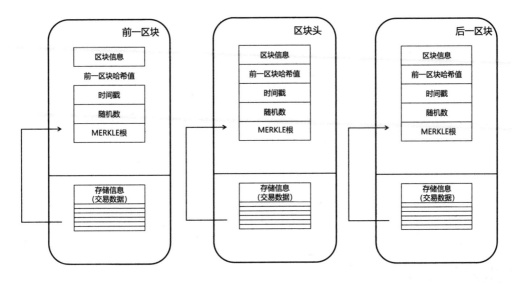

图 1-1　区块结构

讲，经典共识的形成是一群人相信"单一个体或组织"以及他的思想方式，进而演化成群体的行为思想方式，伴随着"人"的文明进化，由人治向法治过渡，但是法治永远离不开"人"的主观修正。而区块链技术的哲学意义相当于从一开始，大家相信的是具有这套思想的"技术"，技术在执行的过程中唯一的参照便是形成合约的代码，可以大大缩短在过渡期的机会成本和试错成本，极大地降低因为"人"性的弱点带来的不信任成本，进而实现整个链条体系，甚至社会形态的"超导"运行。

回归区块链技术方案上，我们再从基础特性、内生特性及重要延展性等方面来对区块链进行概述。

基于点对点通信网络和共识机制实现的去中心化

在中心化的网络系统中，核心服务器相当于"皇帝"的存在，其稳定与否直接影响到整个生态系统的稳定，作为"造物主"一般的存在，中心化服务器可以在生态网络中对参与其中的各个节点实现"一票否决"的制裁。而在分布式的网络生态系统中，由于点对点通信的便捷性，使得利用信息差获得的优势不再由关键节点所拥有，取而代之的是群体决策的相对公平与安全。而信息的累计和数据的价值衍生将成为整个生态系统的价值，所有节点间都可以通过特定的软件协议共享部分计算资源、软件或者信息内容。

区块链去中心化的一个显著特性是通过技术将各个节点（节点背后可能是个人或组织）的共识通过技术形成规则，可以大大降低各个节点的信任成本，使得节点间的协作效率大大提高。其主要价值在于：

● 提高了信息交互和数据处理的效率；

● 降低了中心化运营在超出其合理边际后的运维成本，弱化了因为其潜在的风险造成的全局风险；

● 区块链上所有节点都有权参与交易的发布、验证和记录，可以有效地规避中心化控制系统带来的风险，保持网络节点间的公平，进而维护区块链上的记录可信。

基于分布式数据库的分布式网络

区块链分布式网络，即由众多运行着区块链客户端的节点们构成的点和点彼此相连的拓扑状网络。在这个网络中，每个节点共享一套开放数据库，即每个节点同步储存、更新数据。其主要价值在于：

● 分布式数据结构充分利用每个节点的储存、计算资源，避免了对中心运算设备软件、硬件的巨大投入；

● 每个节点都拥有一份数据库备份，单个节点受攻击造成的信息损坏或者丢失不影响整体数据的安全；

● 基于各个节点的数据共享，可实现节点间的互操作，资源利用率也得到了提高。

区块链技术的内生特性：隐私保护

区块链的链上世界是透明可信的，但是链上世界和现实世界的交互是隐私可控的。区块链系统中的公开透明与隐私保护并不是"鱼和熊掌"的关系，透明性主要是指数据记录行为的共享开放，包括交易数据、出块数据等，所有区块链上的数据从产生到修改到记录都可以全程追溯，永久留痕，而隐私性主要针对账户本身的身份信息保护，这里特指账户信息和个人信息间的隔离与保护。与传统的中心化网络相比，中心处理器拥有对于用户节点的绝对控制，并且拥有该节点和人之间的数据所有权、使用权以及收益权。这就是为什么阿里、腾讯的大数据可以对绝大部分使用者实现精准的用户画像，甚至能做到"比你自己更了解你"。

块链账户身份与真实公民身份不挂钩，例如一个人可以拥有很多比特币账户，链上对于该地址的转账记录和持币数量可以做到完全的公开透明，但是它无法将该账户的持有者与现实中的你对应起来。这是因为账户身份权限中的信息数据仅支持账户持有者操作，这部分是传统互联网企业最关注的"高净值数据"，而在区块链的生态中，这部分数据永远是属于用户个人的"黑匣子"。

为什么区块链可以做到透明性和隐私性的分离，用技术语言来解释，即是由非同态加密的算法决定的。在传统的中心化网络中，我们遗失的密码可以通过中心化数据库找回，从另外一种角度来说，你只是从中心化的服务器中"借"了一个可以使用的账户，而中心化服务器免费提供给你的代价就是你的那部分"高净值数据"。而你注册的一个区块链账户，一旦你忘记私钥，它就永远无法被打开和破坏，它的归属只有两个地方，一个是你，另一个是全网的"黑洞"（出于各种原因无法再找回的账户及其资产、数据的昵称）。在区块链的网络架构中，只有拥有与公钥唯一对应的私钥或者得到私钥的授权才能实现对于加密信息的解读，这使得私密信息在网络中的传播有了安全保障，在数据记录信息共享的环境下增强了信息传输对象的可控性。

区块链技术的重要延展性：智能合约带来的可信自动化

早在1994年，密码学家尼克·萨博就提出了智能合约的概念。对合约内容进行数字化编码，生成一个计算机程序，当预先设定的条件被触发时，智能合约能够自动执行合约条款。智能合约的概念虽然早在20世纪90年代就已经被提出了，但是它的第一次广泛应用是基于以太坊的代币生成与分发。有了智能合约的出现，人们可以轻松地在以太坊上创造属于自己的虚拟货币。智能合约的加入，也正式开启了整个区块链的2.0时代。类比Uber或者滴滴等我们常用的出行软件，1.0时代的区块链解决了客户和司机的撮合问题，本质上解决了用户和司机的不信任问题；2.0时代解决了他们协作方式和如何计价付费的问题。当然，在现行的状态下，这个规则是由中心化的"滴滴"平台制定的，它可以随时改变价格策略和抽成比例，我们将这种状态称之为"中心化智能"。而基于区块链的智能合约则充分具备了自治、自足的能力，从双方达成合约协定开始，通过将合约内容编写成计算机程序储存在区块链中，合约中涉及的参与方将有权在区块链上跟踪、监督合约的履行情况，一旦满足约定条件，合约能够自动执行，完成权利和义务的交割。

在区块链的世界里，有两条不成文的准则，即"共识即规则"和"代码即法律"。这里的代码其实就是共识机制的计算机语言，而其执行代码"机构"就是智能合约。在计算机技术飞速发展的当下，任何约定都可以通过计算机语言快速"翻译"，实现智能操作。但是难点在于如何保证合约的达成是基于公平且可信的，这是传统的计算机技术解决不了的，但是区块链可以。回到刚才的实例，当打车的人和司机需要一个第三方的中介机构来帮助他们撮合这个合约的时候，中介机构的运营成本和利益诉求就成了必不可少的一环。司机和司机是割裂的，用户和用户是割裂的，唯一维系这一合约的便是中介机构，随着中介机构话语权的提高，其利益诉求也会水涨船高。虽然"中心化的智能"早已经被广泛应用，但是其代价是持续的信任成本，因为保存在中心系统中的合约可以被系统所有者随时修改甚至删除。而区块链所具备的不可篡改、可溯源等特性，完全符合了执行智能合约的基础。与"中心化的智能合约"相比，"去中心化"才能实现真正的"智能"。

在区块链的智能合约时代，乘飞机买延误险，理赔就变得简单多了。投保乘客信息、航班延误险和航班实时动态均以智能合约的形式存储在区块链上。一旦航班延误符合赔付标准，赔偿款将自动划账到投保乘客账户，保单处理十分高效。

日趋完善的智能合约将根据交易对象的特点和属性，产生更加自动化的协议，这排除了不必要的人工参与，节省了大量的签约成本和履约成本，尤其涉及大量、高频、低价值的交易，经济性尤为凸显。这种乌托邦的设想，值得期待。

区块链的三大分类

从技术角度来划分，区块链分为公有链、私有链、联盟链，如图1-2所示。

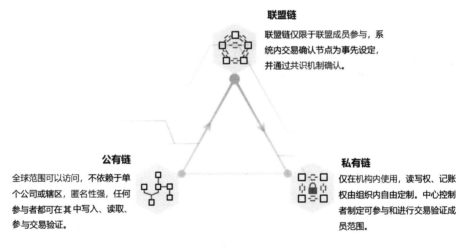

联盟链
联盟链仅限于联盟成员参与，系统内交易确认节点为事先设定，并通过共识机制确认。

公有链
全球范围可以访问，不依赖于单个公司或辖区，匿名性强，任何参与者都可在其中写入、读取、参与交易验证。

私有链
仅在机构内使用，读写权、记账权由组织内自由定制。中心控制者制定可参与和进行交易验证成员范围。

图1-2　区块链的三大分类

公有链

完全对外开放，任何人都可以任意使用，没有权限设定，也没有身份认证。不但可以任意参与和使用，且所有的数据都是公开透明的。在公有链中，程序开发者无权干涉用户，所以，区块链可以保护使用他们开发程序的用户。

在公有链上线运行后，一切都依托开发时的代码执行，在"代码即规则"的公有链生态中，这些规则确保每个参与者在不信任的网络环境中能够发起可靠的交易事务。你只需要一台接入互联网的电脑就可以查看到公有链系统上所有的交易信息。公有链在三种常态链系统中开发度和透明度最高，适用于对于共识建设有着强透明性的系统需求，比如数字货币系统、公链系统、众筹系统、金融交易系统等。

在公有链的系统中，链条的安全性取决于全网节点的数据和共识机制的设计是否科学。任何人都可以在公有链系统上访问到全网所有地址的交易信息和账户基本信息（余额、交易记录和交易时间等）。虽然账户所有者可以通过隐藏现实身份，实现与虚拟世界的物理隔离，但是这也为节点之间的"扎堆"和"作恶"提供了便利，如果当节点聚集的数据超过全网的51%，那在区块链系统中，一个新的"中心"便出现了。

从技术角度来看，公有链和中本聪最早提出的区块链系统契合度最高，通过密码学保证交易的不可篡改，通过设置公式机制维护节点，在互为陌生的网络环境中建立共识，从而形成去中心化的信用机制。目前在公有链系统中最常出现的是工作量证明（PoW）、权益证明（PoS）和容量证明（PoC）。最终网络中大多数节点都同步一致的区块数据所形成的链就是被承认的主链。

私有链

私有链是指其写入权限仅在一个组织里的区块链。私有链的读取权限或者对外开放，或者在一定程度上进行了限制。对比联盟链和公有链，私有链在使用过程中一般都需要注册，需要身份认证，是进入门槛最高的一种链态，并且具备一套自主中心化的权限管理系统。

在私有链中，节点数量和节点的状态通常是可控制的，也就不需要通过竞争的方式筛选区块数据的打包者。因此，可以采用更加灵活的算法使之变得更加有序，更加有效。在私有链中，交易成本被最大限度地降低，同时用户的隐私也可以得到极大程度的保护，在未来的发展中，有助于帮助避免因为恶意攻击导致的风险问题。

联盟链

作为介于公有链和私有链之间的联盟链系统，通常被使用在同链条不同协作主体与单位之间，比如银行系统的结算功能、供应链内的商流、信息流和资金流交易等。联盟链在身份认证和节点数据上是确定的，更具有针对性，很多联盟链都是针对特定的业务开发而来。另外，所有的参与方（节点）都具有天然的业务逻辑关系，不是所有网络用户都可以随便加入特定的联盟链系统中，所以其具有一定的准入门槛。而在读写记录以保证可信的层面，联盟链和公有链很相似，通过所有节点一起参与交易的认证和记录，来保证交易数据的真实和各方的可信。

联盟链因为其适中的特性和相对良好的服务环境，是现在被最大程度运用的一种链态系统。系统的开发者和使用者之间可以有选择性地进行链态的发展和升级。联盟链适合与人工智能、物联网等技术发展相结合。未来，联盟链有机会处于最重要的地位，也是解决未来智能社会问题的最佳选择。

区块链不是万能的

尽管区块链技术越来越受到关注，国家和核心企业都试图利用区块链来服务更广泛的事业，发挥其更大的价值，但是区块链技术的发展至今仍然面临一些瓶颈。

第一，区块链作为一个公开的账本技术，它需要在不同的节点进行备份才可以保证其技术特性得以实现，所以整个链上数据读写的速度取决于整个网络中读写最慢服务器的速度，"木桶理论"的限制性被充分体现。由于速度的限制，导致区块链的系统并不能满足"双十一"这样的高并发场景。

第二，区块链由于采用分布式存储的方式，需要在每个节点备份一套完整的数据，但是伴随着数据体量的增多，对于个人PC机来说，T级的存储量已经十分不友好，所以在保证一定安全的情况下，全节点和半节点的方式出现了。顾名思义，全节点就是保存账本的全部内容，半节点只保存跟自己相关的内容。如此一来，可以集中这个网络中的优质节点来"办大事"——提高并发量，这就引发了区块链的第二个问题：集中力量干大事又与区块链分布式的理念相违背，一旦分布式的程度减弱，整个网络的安全系数就会下降，所以无法兼顾去中心化、安全和高并发这三个属性，这也被称为区块链的"不可能三角"。

同时区块链还面临着诸如"跨链传输"等一些技术问题，相信在不远的将来，这些问题都会得到很好的解决。

第二章

区块链的前世今生

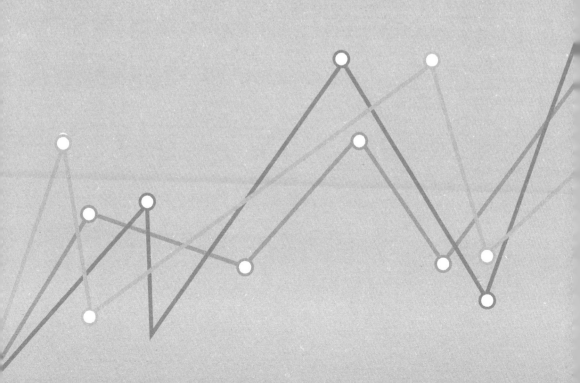

走近中本聪

作为第一个现象级的区块链应用，比特币的知名度在早期是远远大于区块链的。2008年11月1日，一个网名叫"中本聪"的网友在极客论坛上发表了一篇名为《比特币：一种点对点的电子现金系统》的文章，洋洋洒洒介绍了一种可以实现全球价值点对点转移的数字货币系统——比特币。比特币最初被设计为一种点对点的电子现金，希望以此促进全球范围内便捷的金融交易。据悉，比特币链条上的第一次出块发生在芬兰赫尔辛基的一个小型服务器上，也就是充满神秘色彩的比特币创世区块（Genesis Block），伴随着创始区块的产生，中本聪也获得了全网第一笔奖励——50枚比特币。

比特币最早期并不被公众所熟知，只是极客圈的一个全新产物，但是，越来越多的密码学、计算机科学以及经济学家开始被这样一个学科交叉应用的产物所吸引。从此，比特币慢慢流行起来。

比特币的雏形是在一个叫"P2P Foundation"（点对点通讯技术基础论坛社区）的论坛中诞生的。当时在欧美的极客圈盛行开源文化，开源被很多黑客认为是计算机科学的一种文化复兴，是计算机科学真正成为科学并能够与其他科学一起同步发展的手段。开源发展到今天，不仅仅有数以万计的黑客在积极地参与，像IBM、HP、CA、SUN等一些软件、硬件厂商也在加大对开源方面的研究，并积极向开源社区贡献优秀的开源软件，因为开源催化了软件业快速向服务业蜕变的速度，并为IBM这样的硬件和集成服务提供商提供了新的商机。而比特币正是从这样的浪潮中诞生的。比特币底层的区块链其实并不是一项全新的技术，它是数学、密码学和计算机科学的集大成应用。其实在极客圈，创造一个可以全球点对点交易的货币系统、打造"数字黄金"一直是大家的梦想。中本聪在比特币的创世区块上留下一句话——2009年1月3日，英国财政大臣正犹豫是否要进行第二轮银行紧急援助。创世区块里的这句话，含蓄地阐述了比特币诞生的原因：对主权货币的不信任和金融危机来临时对通货膨胀的不满。

另一个证据表明，比特币诞生的那天是账号"中本聪"的生日。在《比特币：一种点对点的电子现金系统》白皮书发布的P2P Foundation网站的注册环节中，中本聪填写的生日是1975年4月5日。在1933年的这一天，美国总统富兰克林·罗斯福签署了政府法令6102，法令规定所有美国公民持有黄金是非法的。罗斯福收缴美国人的黄金，并以美元交换，然后让美元贬值了40%，强制推高黄金价，目的是让美国的债务贬值，从而对抗大萧条，造成的后果是美国人的财富被洗劫了40%。历史总是出奇的相似，在1975年，福特总统签署"黄金合法化"法案，美国人可以再一次合法地拥有黄金。

而将这两个数字的组合作为生日的中本聪，更像是带着一种戏谑的口吻含沙射影地总结了美国有关黄金和货币的两件大事，并借此发布了真正意义上可靠可信的数字黄金——比特币。

2019年2月，第一个比特币交易所Bitcoin Market问世。2019年3月17日，Bitcoin Market交易所进行了首次交易。

2019年5月22日，比特币作为一种支付方式获得实物的报道出现。当时比特币因为没有公允的计价方式，就采用了开采一颗比特币所需要的电能来核算比特币的价格。比特币矿工拉斯洛·汉耶兹（Laszlo Hanyecz）用比特币购买了两个比萨，这在当时价值10 000个比特币的比萨饼，在今天价值超过了9100万美元。正是因为这第一次比特币和实物的交易，让我们有了一个称之为"比特币比萨日"的纪念日。

中本聪究竟是谁，至今仍没有一个确切答案，甚至有的专家怀疑这是一个团体而非个人，关于它拥有的300万枚未解封的比特币，也成了大家津津乐道的谈资。

在中国知名的分享网站知乎网上也有一个很经典的帖子：2011年12月21日，一个学生在知乎提问，"大三学生手头有6000元，有什么好的理财投资建议？"在当天，巴比特创始人长铗回复："买比特币，保存好钱包文件，然后忘掉你有过6000元这回事，五年后再看看。"从2011年到2018年，比特币从3美元一度蹿升至最高点时的1.9万美元，如果那个大三学生将6000元全部买了比特币，到2018年时已是千万身家。

公链的诞生

公链与发展历史

何为公链？公链的定位是为链上应用提供底层支持的系统，如同手机系统IOS和安卓那样，为其之上各种各样的应用开发提供基础技术支撑。我们熟知的比特币就是典型的公链应用。

根据区块链技术的现状来看，区块链技术经历了几个阶段：

1.区块链1.0阶段：区块链概念形成阶段

在该阶段，区块链的概念还没有被明确提出，因为比特币的金融属性和其价值激增带来的财富效应，第一批参与者大都是投机者。但是在这个阶段，人们意识到了比特币使得基本的价值信息和数据进行P2P传输成为现实，比特币作为敲开价值互联网世界的一把钥匙，给人们带来了希望。但此阶段仅限于简单的应用，并无实际价值。

2.区块链2.0阶段：区块链底层技术发展阶段

在区块链2.0阶段，出现了以以太坊为代表的区块链底层平台，这些平台通过新的开发语言实现了对比特币的图灵完备加持，最显著的特征是智能合约的规模应用。为了提高系统的效率和交易处理速度，支持整个区块链系统的共识机制也发生了快速的迭代和变化，同时也出现了更多方便开发者的工具包和调取库。伴随着公链的迅速发展，分片、跨链、侧链、数字身份等一系列过去区块链未曾考虑的"硬核技术难题"也被摆上桌面，开发者希望早日突破技术限制，实现通过加载智能合约的区块链技术解决实际商业应用的问题。由于以太坊的开放平台架构为投机客打开了"铸币权"的入口，很多空气币和打着区块链旗号的传销项目屡见不鲜。这些"庄家"通过发行自己的数字货币，鼓吹价值和技术创新吸引散户入场，最终实现自己的"虚拟货币换取法币—虚拟数字货币恶性操盘—崩盘跑路收割"的一条龙欺骗性资本操作。在这个阶段，我国政府对相关的区块链项目进行了观察性监管并对散户投资者发布了很多预警通知，并于2017年发布了震惊整个区块链虚拟货币市场的八部委关于全面叫停比特币交易的通知。

3.区块链3.0阶段：大规模应用阶段

在区块链3.0阶段，随着区块链技术的成熟，将会分两步走实现链上链下的互通交互。第一步，跨链技术的大规模应用，很多平台型的区块链生态将实现在第二世界的交互，跨链技术将成为链与链之间的互通器，并能和传统的互联网系统进行接口打通，实现多链多网的链网交互格局。第二步，区块链技术将会通过积极的监管和健全的政策指导，实现链上数据和链下实体的映射打通，交易的过程中将最大程度保留区块链技术透明安全、隐私保护的特性，同时又可以在避免犯罪泛滥的基础上，实现可支持大规模的交易处理要求的链上处理生态，届时将会有大量的区块链应用像今天的滴滴、美团等手机应用一样被广泛使用。

公链发展面临的问题

公链市场目前遇到的问题是具有很强的同质化竞争，很多公链都标榜自己要成为区块链的阿里、腾讯，都在做平台级的解决方案。但问题是，它们都没有聚焦到专业的细分领域，数量多、落地少，甚至根本就是一个"区块链+实体"的概念产品。区块链技术和实体的融合发展一方面需要时间来试错，需要时间来迭代，更需要时间去反思；另一方面，在已经和区块链进行一定程度融合的实体经济领域，更需要考虑到技术对于实体的推动作用。在区块链发展的早期阶段，不能拿成熟的互联网思维"万物互联"来照搬照抄一个"万事上链"。在一个技术掣肘、应用定位模糊、产品形态无参照的当下，要从"区块链+"的思维过渡到"实体+区块链"上来，抓住实体中传统互联网无法很好解决，或者由耗费极大信任成本的关键场景入手，摒弃"万能链"和"只做链"的固化思维，以理性的思维去运用区块链技术，做到与大数据、人工智能和云计算的融合应用，方是从业者应走的必由之路。

区块链去中心化、可追溯、透明可靠的特性在很多场景都可以得到很好的应用。尤其是在信任成本过高导致的问题上，区块链可以通过技术保证多方的合作顺利完成。譬如个人借贷的违约方面。由于违约代价成本较低，违约方可以利用信息差在不同的出借方之间通过"拆东墙补西墙"的方式，利用短时间的现金流使得多个出借方受害。无论是"加盟商"式的收割还是"金字塔"式的传销，本质上都是通过概念与包装，实现在法律模糊地带的低成本甚至零成本的资金获取。而当法律无法及时制裁此类违约者时，在信贷情况存在信息差时，将会有更多的人上当受骗。但是如果每个人的信贷记录都实时可靠地记录在公链上，任何个人和机构都能选择性地查到当事人的借贷记录，将会极大程度地提高违约者的违约风险，使得作恶的成本大大增加，进而降低此类案件和情况的发生次数。如果一个人的借贷记录可以被完整且真实地记录在区块链上，得到债权方的验证，即使它还没有被纳入银行监管，也可以大大降低现有金融系统对于其征信的信任价值。金融机构就可以基于这个信用向其进行贷款，因为在这个过程中，征信的成本几乎为零，而征信成本过高正是金融机构不愿意进行贷款的主要原因。

在公司和集团层面，区块链技术也有着很多用武之地，尤其是联盟链的应用。譬如四川省成都市的链向科技，通过应用区块链技术实现了建筑集采类供应链金融的打通。一方面为核心企业建立了完整的信息采集渠道，为银行吸纳了具有核心企业应付账款为信用背书的上游中小企业，帮助金融机构完成相关任务指标，另一方面也解决了中小企业融资难与融资贵的问题。而在整个生态链全盘考虑的过程中，很关键的一点便是消除生态内各个参与方之间的信息差，实现信息的共享互通（信息流）、风险的最低可控（商流）和价值的高速传递（资金流）。实现三流合一的关键就是消除其高昂的信任成本，这便是区块链技术在公司和整个链态商业体系中的价值所在。

区块链的需求如此之多，为何落地却寥寥无几呢？

1.需求和产品形态的不一致

由于缺少精准的市场定位，导致产品与市场需求的不匹配。一大部分区块链项目方都在专注于技术的研发，却忽视了技术应该解决的市场中的问题。区块链技术最擅长解决的是多方合作中的信任问题，要思考如何上链，而不是思考具体的技术对接和改善交易速度。例如，很多号称百万TPS的区块链项目并不落地的原因在于企业级的金融场景对于TPS的需求不是第一位的，而激励机制、准入机制和可发展特性才是企业关注的焦点。因为千级的TPS已经可以满足现有需求，譬如贸易金融的合作过程、企业融资过程中的各类机构合作的过程，这些过程更注重于性能以外的其他因素，如信息的一致性、权限控制和使用的便捷性等。如果公链一味地追求性能，那么它就同市场中的真正需求南辕北辙了。如何通过一套可持续的激励形成行业的共识，并将共识和链结合起来进行落地的问题始终没有解决。拿错误的卖点打了行业一个"痛点"，到落地环节自然就会困难倍增。一个好的产品固然有过硬的性能，但是在稳定、安全、可靠以及风控等其他方面也有匹配的需求。所以，抓住行业的痛点比一味地进行技术迭代更实际，提供一整套完整的解决方案比一味地追求单一指标的飞跃更可行，让市场主动去相信产品比通过概念包装去让市场被动采纳好得多。

2.同质化竞争严重

在区块链的2.0时代，公链产品的竞争就已经处在水深火热之中了。一方面是以太坊生态内，同类应用Dapp（去中心化的应用，decentralization app）的泛滥；另一方面则是其他定位于另外一个"以太坊"的公链竞争。其实，经过几年的发展，市场形成了默认的公链选择，已经受限于行业天花板的红海市场，失败概率必定极高。由于众所周知的金融属性，获得成功的早期产品往往具有很强的先发优势，后来者的抄袭和模仿都只是在争鲨鱼嘴里的碎肉。一个产品竞争的基本规律是要符合差异化竞争的准则，而在红海领域的竞争势必会让很多参与者成为行业进步的"铺路石"。对于团队来说，选择正确的竞争领域是比努力更重要的事。

差异化竞争的具体操作方式是通过创新的手段解决市场上的某一类痛点问题，同时又不带来新的痛点。用一句经典的话来说就是"人无我有，人有我优，人优我创"，通过创新商业模式和核心共识算法，利用先发优势拉开和别的团队的距离，使得其无法再做同样的产品进行竞争。比特币在差异化竞争中就是"课代表"的存在。电子货币和虚拟数字货币一直是很多计算机极客毕生研究的方向，但是大多都停留在了技术的层面，而中本聪既考虑了技术，也考虑了经济模型的可持续性。虚拟货币本身是要和传统主权货币竞争，但是中本聪选择将最初的比特币作为"数字黄金"，即一种和货币体系互补的避险资产。随着比特币的金融属性越来越强，用户数量越来越多，其交易价值才被真正挖掘出来。随着市场的认可度不断提高，已经没有第二种数字货币可以威胁到比特币的地位了。

3.教育用户成本过高

与传统的IT设备相比，基于区块链技术的产品需要链条上各方的使用、记录才能实现基本的功能。传统的IT设备通过代理商、经销商以及大客户经理来实现对于单个用户的突破，完成订单和销售。但是对于基于区块链的技术供应商来说，需要实现对于整个产业链用户的教育，完成产业链系统的区块链改造和升级。个案营销在区块链领域十分困难，要为整个产业链各方提供可被接受的方案，这使得整个区块链目前陷入了教育用户成本过高的"瓶颈"。

公链未来发展展望

如何实现区块链技术的真实落地和快速应用？

数据场景是区块链快速应用和落地的主战场之一，因为数据场景天然具有线上化、数字化和一定的标准化程度。数据之间的跨界结合将为区块链提供更多天然的落地场景。通过数据驱动和技术驱动的业务创新，也将为传统企业提供更多的机会。

区块链的落地不是"空对空"的战略，而是"空对地"的加持。一方面，传统企业已经在原有系统中聚集了海量的消费行为和用户数据，但是数据的冗杂程度和维护成本都在与日俱增，而区块链技术可以很好地实现沉积数据的盘活和价值流通，使得数据流通和积累数据两条腿"齐步走"。另一方面，传统企业在进行数字化建设的阶段中，很多板块都在进行从零到一的过渡，而应用区块链技术可以加快高科技行业的布局。

目前，区块链技术真实落地和应用有两大值得关注的板块。一方面是国际开源区块链架构组织，比如被广泛使用的超级账本。它们从架构设计上适合企业级的区块链技术落地，通过国际开源组织进行系统交流和学习，对成熟度较高的产品，可以极快上手；还可以对未来国际区块链标准制定进行发言和讨论，比如工信部牵头的中国区块链技术落地小组就参与了TC307区块链国际标准的架构设计工作。

另一方面是加强组织内部人才的培养和培训。目前区块链技术的人才十分紧缺，很多创业公司吸引了大量的行业从业者。因此，一方面通过招聘的形式寻找开源和分布式计算的基础人才；另一方面要引导原有的大数据人才进行复合转型，为未来区块链规模落地储备人才力量。

目前，区块链落地的最大应用在于提高链条上不同组织间的协作效率，实现集成简约化、流程高效化和数据共享化。因为区块链既可以进行价值分片，又可以进行权限拆分，使得不同组织间可以根据共识来进行数据的统一认证与管理，既大大降低了数据收集的成本，也保证了各方的可信，对于行业间的系统和紧密体建设具有重要意义。

区块链行业生态现状

从公链到联盟链

联盟链（Consortium Blockchain）的概念，是由以太坊创始人Vitalik提出来的。

所谓联盟链，就是这个区块链具有准入许可，不像公链，任何人都可以随时进入。准入许可意味着候选节点进入区块链时，需要得到已经在网络中的节点的许可。

所以联盟链也叫作许可链，也就是Permisson Chain。相比于公链，联盟链的节点数量通常是固定的，且联盟链的功能往往是针对特定的应用场景进行定制化开发，它生态的大小和原有业务模式的大小之间具有关联。国内联盟链最常用的组织架构如图2-1所示，而国际联盟链也有很多知名的架构，其中以IBM领衔开发的超级账本架构最为公众熟知，同时也是应用最广泛的架构之一。下面，我们就来重点了解一下超级账本项目。

图 2-1　国内联盟链最常用的技术架构

联盟链典范——超级账本

什么是超级账本（Hyperledger Fabric）？

超级账本是Linux基金会主导的开源区块链框架协议体系。超级账本提供的是模块化的区块链框架，现已成为企业区块链平台的一种被广泛使用和认可的标准。它提供了一种独特的共识方法，可实现性能的大规模提升，同时还能保留企业所需的数据隐私。通过开源和开放治理，整合创新的区块链架构体系，为未来企业组织开启了信任、透明和责任制的新时代。

超级账本在2015年成立之初就吸引了众多巨头的加入，包括IBM、Intel、Accenture、J.P.摩根、Digital Asset Holdings等公司。

IBM开发的超级账本的架构设计是目前最完美的联盟链架构体系，它设计了很多"通道"，每个独立的共享账本仅在加入"通道"的组织间使用。它的主要优点在于强大的身份认证、灵活的策略管理、智能合约的访问控制和账本数据的加密。

因为企业应用场景的多样性，所以超级账本包含了不止一个项目，它是由多个项目组成的。一共9个项目，其中5个是主要的技术框架，其他4个是辅助性工具。

它的主要技术框架分别是下面的5种。

1.Hyperledger Fabric

Hyperledger Fabric旨在用模块化架构为开发者提供即插即用的企业级区块链服务。

它主要包括三大模块：成员关系管理、区块链服务、Chaincode（链码）。

成员关系管理=账户+权限管理后台，区块链服务相当于系统后台，Chaincode服务相当于智能合约。

成员关系管理可以实现对接入系统的节点进行审核验证，同时进行权限分级的管理，使用的是PKI成员权限管理。

区块链服务提供一个分布式账本，跟公链的逻辑相似。通过多方记录打包的信息，实现出块。

Chaincode包含核心的业务处理逻辑，并对外提供接口，外部通过调用Chaincode接口来改变账本数据，在Hyperledger Fabric中，

Chaincode是运行在隔离环境中的，也就是 Docker工具。

2.Hyperledger Sawtooth

Hyperledger Sawtooth是一个可以创建、部署和运行分布式账本的模块化平台，基于硬件依赖的 PoET共识，可以面向大型分布式验证器群，同时功耗也比较低。它是第一个真正意义上提供拜占庭容错共识选项的超级账本项目，有以下四个特点：

● 链上治理：链上治理模式旨在确定谁拥有代码的修改权。Hyperledger Sawtooth在决定区块链生态系统的发展路径时将用户需求放在了第一位，将尽可能多的权力赋予从联盟链系统组中获得最大利益的用户。

● 高级交易执行引擎：一种高性能的交易创建和验证引擎。

● 支持以太坊智能合约：兼容了以太坊智能合约技术栈，支持主流语言编写智能合约：编写智能合约不局限于 Solidity，可以是Go、Javascript、Python等语言。

Hyperledger Sawtooth最大的创新在于开发了 PoET（Proof of Elapsed Time）新的共识机制——时间流逝证明。

根据用户的输入、证书，输入到SGX（SGX提供了一种名为Enclave的机制，它支持两个函数"CreateTimer"和"CheckTimer"）的时间消逝（同delay函数）中执行，不同的输入会产生不同的delay，然后等时间流逝。delay短的先执行完，率先爆块。 因为是Inter开发的共识算法，硬件层面比拼的是谁家的CPU（中央处理器）多，所以PoET又称Proof of How Much Intel CPUs I Have（你有多少英特尔的CPU共识算法）。

3.Hyperledger Iroha

Hyperledger Iroha框架=分布式账本技术+基础集成型架构项目。

4.Hyperledger Burrow

Hyperledger Burrow=区块链客户端+拥有权限管理智能合约的虚拟机。Hyperledger Burrow是通过GO语言编写的基于以太坊EVM架构的智能合约执行引擎的区块链架构。Hyperledger Burrow主要由下述组件组成。

● 共识引擎：提供了基于 Tendermint PBFT算法的高性能拜占庭容错共识算法。

● 许可型以太坊虚拟机 EVM：权限许可可以通过本地安全接口强制绑定到智能合约上。

● 应用程序区块链接口 ABCI：规定了共识合约和智能引擎的标准架构。

● API网关：提供 REST和 JSON-RPC两种 API接口。

5.Hyperledger Indy

Hyperledger Indy是针对去中心化身份体系提供的分布式账本。它提供了基于区块链或者其他分布式账本互操作来创建和使用独立数字身份的工具、代码库和可以重用的组件。基本都是通用技术框架，不涉及业务概念。

Hyperledger Indy具有如下特征：

可以帮助人们创建和管理多样化的复杂资产，例如货币、不可分割的权利、产品序列号和专利等；

提供基于域名分类的账户管理机制，类似"子账本"系统；

提供权限管理；

系统本身提供验证业务逻辑规则，已经交易查询接口。

相较于Hyperledger Fabric和Hyperledger Burrow是 Go语言开发，Hyperledger Indy是使用 C++14开发的。

另外 4个辅助性工具是Cello、ComPoSer、Explorer、Quilt，这四个辅助性工具可以对以上 5个框架进行管理，例如 ComPoSer可以类比Docker中的 ComPoSer，Explorer就是区块浏览器。

联盟链发展的挑战和机遇

作为企业级的联盟链使用者，公司和机构对于联盟链性能的要求主要体现在以下五个方面：系统安全性、交互表现性、系统稳定性、业务适配性与监管合规性。

系统安全性是一个系统稳定运行的前提，尤其对于金融机构等特殊企业级需求群体，安全是金融的生命线，应用场景中的资金安全、资金交易安全和资金量化风控、业务数据与用户信息安全是非常关键的。而要实现系统的安全，也要从两个维度着手：被攻击前的网络通信、数据存储、身份认证、隐私保护等方面是否能进行周全的保护；被攻击后，系统是否可以快速进行自我修复、自我迭代，是否可以妥善处理因为攻击带来的后续分叉问题。

在交互表现性和系统稳定性方面，开发者需要评估所用技术是否能满足所要求的并发交易数、交易时延、数据容量等。为了给客户提供高质量的服务，很多商业与金融机构要求系统 7×24 小时运行，良好的系统交互以及快速且稳定的链上数据读写是十分关键的。但是基于现阶段区块链技术的局限，如何在有限的技术环境中尽可能实现可商业化、规模化的交互将是未来市场的关键竞争点。

业务的适配性也是不可或缺的，其中细分为业务功能周全性和开发友好程度，例如开发者工具的完善程度、开发语言的包容程度等。在完善系统本身稳定性的同时，需要配套周全的监控运维系统。开发者需要评估智能合约开发方案是否可行、业务端 SDK（软件开发工具包，全称Software Development Kit）是否周全、平台是否提供丰富的功能，或者是否便于进行二次开发等。

最后一点便是监管合规性的问题。由于以比特币为首的虚拟数字货币市场已经形成了一个独特的金融产业，而新兴产业又伴随着高风险、难监管的特性。所以基于种种历史原因，各国对于区块链相关业务，尤其是"区块链+金融板块"的业务都持相对谨慎的态度。所以，在开展业务的过程中，应遵守有关法律法规，尤其在金融业，必须符合监管要求，规避技术风险和操作风险，做到业务合规，重视和监管的协作，兼顾创新和金融稳定。包括对科技方面的要求，如两地三中心部署。

除此之外，联盟链最大的挑战便是技术的"瓶颈"。主要集中在核心共识算法的开发难度高，链态系统和传统IT系统兼容性复杂，并发交易量和链上数据读取速度受限等。共识算法作为区块链系统的规则先行者，用于规定多个参与方协同工作、共同记账的行为方式，其目的在于保证数据的一致性和可信性，维持系统稳定运行。但是共识算法本身具备很高的设计壁垒，加之它构架复杂，牵扯因素多，因此设计出兼顾性能、稳定性和安全性等各方面的共识算法难度较大，且容易受区块链各节点运行质量、网络波动等多种因素影响。实现一个稳定高效安全的共识算法，需要反复验证，迭代优化。现有互联网生态正在快速发展，数据并不标准，数据接口也是五花八门。实现数据的去冗杂、数据标准化，进而实现数据上链，也是摆在开发者面前的技术鸿沟。

基础设施的建设没有任何捷径可走，对于共识算法以及高级数据治理等核心技术模块，需要完成足够的理论储备，才能进行细致的工程实现。

最后，联盟链的发展也存在很多机遇和值得探索的方向。

现在的联盟链相当于马云曾经做的第一张"中国黄页"，未来在改善联盟链这张"黄页"的整体架构和交易处理全流程上，存在着大量的机会，在高效的共识算法的开发上也会涌现出一批新的创新。而在系统性能，尤其是TPS（系统吞度量，即每秒系统处理的数量，全称Transactions Per Second）秒级并发量的板块，也可以实现计算并行化、计算弱复化、单元升级化。目前我国前列的联盟链单链性能满足金融场景需求，达到千级 TPS，交易被秒级确认，一旦确认就达到了最终确定性。这样的性能表现能满足大多数金融业务的要求，未来也有更大的市场空间。

对于区块链底层平台来说，未来的商业场景将需要在设计并实现灵活、高效、可靠、安全的并行计算和可平行扩展方面的能力。而灵活便捷的区块链平台可以让开发者能够灵活地根据自己业务场景的实际需要，通过简单增加的部署，就达到自己需要的性能。从性能理论解决到实际解决，区块链联盟链应用的前景大有可为。

专有链的进阶——产业区块链的发展

产业区块链的概念是根据产业互联网的发展从私有链演变而来的。根据实体产业的具体情况做针对性的区块链开发，是区块链赋能实体经济迈出的重要一步。当前，我国的实体经济正处于改革的深水区，很多实体经济的业态模型正向着互联网化和数字化转型。目前信息互联网已经为数字化打下了基础，而实体经济的数字化程度仍然存在很大的提升空间。不完全的数字化经济很难有效地嵌合区块链的链态模型，在局部上链或者阶梯上链的过程中很难发挥区块链的实际价值。完成"最后一公里"，实现全链条的打通才能实现从60分到90分的跨越，实现量变后的质变。所以在产业区块链发展的早期，在商业模式无法全流程打通，盈利模式掣肘于商业模式的现在，无论是项目还是资本都要有充足的"过冬"思想准备。

事实是，在全球只有少数的新型产业——如能源再生产业、软件开发与集成、物联网、大数据云计算、人工智能、工业机器人——完成了高程度的数字化过渡。这也是目前与区块链技术结合最紧密的几大产业之一。在产业过渡的阵痛期，在没有数字化的基础之上，进行区块链的改造是不切实际的。数字化的程度高低也会直接影响区块链嵌入的效率和效果，在数字化过程中，数据是否冗杂，是否进行了科学的云数据存储，是否进行了大数据的数据增值服务都会是影响后期区块链使用效率的关键要素。所以在传统经济企业进行"链改"的过程中，要一事一议、因地制宜，更要入乡随俗。

消除数字化差距，推动资本、技术和模式的链态化，将产品和应用成功移植到最终具有坚实基础数字化的产业数字化金融上，才会形成对区块链技术的需求；反之，则是"揠苗助长"，欲速而不达。这也是目前区块链技术向产业转移的"瓶颈"所在。

在区块链企业大举进军、突破传统企业"瓶颈"的过程中，还要突破互联网企业早期"烧钱"的固有思维模式。很多区块链企业因为没有金融机构真实风控的交易经验，对于现阶段的交易概况进行自定义式的"痛点分析"，无中生有地创造了"新的痛点"，而没有真正地去解决现阶段已有的痛点，这在区块链落地的过程中无疑是在自我设限。区块链应用的核心逻辑不是要替代产业链中的板块，而是要在链态上重塑应用场景，不是让传统产业去开发一个区块链应用，而是要在区块链上重构这些产业，是链上的产业，不是"链+产业"或"产业+链"。

在水多鱼大的互联网环境下，很多巨鲸企业私有链的规模甚至比很多公链还要庞大。同时很多龙头企业在其所在行业可以"呼风唤雨"，使企业部署的区块链平台成为该行业的标杆。伴随着区块链的发展，私有链逐步向产业链和专有链发展。但是对比产业互联网，产业区块链还有着漫长的路要走，不同于产业互联网的实体属性，区块链更加适合虚拟世界的交互。区块链赋能实体，何时会催生出一个现象级的"实体+区块链"的项目，仍需要时间的检验。

区块链未来生态畅享

无心插柳柳成荫

如果问区块链技术自发展以来，有哪些"无心插柳柳成荫"的意外收获，那必定是 DAO（分布式自治组织，全称Distributed Autonomous Organization）的基本架构，如图2-2所示。分布式的自治组织是通过智能合约运行的实体，其金融交易和规则被编码在区块链上，有效地消除了对中心化的需求。因此，对它的描述为"分布式"和"自主的"。

现在DAO还是一个非常宽泛的概念，其实没有确切的定义。基本上，只要是去中心化的组织，你都可以认为是 DAO。在海外很多知名公司也将DAO的智能合约和自己的业务管理做了嵌合，主要是为了能在线上更方便地管理公司的市场活动。

DAO 核心关键的点是"开放性"。试想在未来，如果一个公司，你可以实时地买到它的股票，不需要任何人的批准和允许，不需要做任何认证，然后自动成为他们的一员——具备了这种开放性的组织，就可

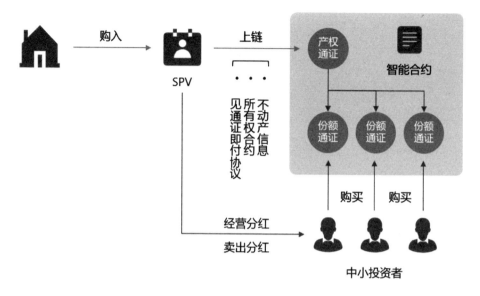

图 2-2 DAO的基本架构逻辑

以被称作 DAO。

当评估一个 DAO的可靠程度时，代码的安全性、智能合约的设计，以及治理机制的好坏将会成为关键的几道大题。最后的治理机制尤其关键，因为它基本决定了你的组织未来要怎么完成升级。你也可以试验很多不同的治理机制。

DAO 的治理方式不限于一个协议、一项交易、一个社区，甚至可以治理一个超级大国。虽然目前区块链生态中很多 DeFi 协议（分布式金融协议）受到了社区的推崇，但它们大部分还是非常中心化的，协议背后往往只受控于一个地址、一个公司，或者一个实体。当智能合约需要升级时，相当于协议所有的游戏规则都要发生改变，在这种情况下，受控于中心化的组织，就很难达到真正的去中心化。所以，在这些协议里内嵌一个 DAO 组织是非常有必要的，否则用户为什么要信任所谓的 DeFi 协议呢？当智能合约完全可以被单一实体随便升级、任意改变，他的区块链价值又在何处呢？而DAO的出现和区块链原生的合约嵌合，将会很好地解决这一问题，并最终实现治理权回归社区。

区块链应用服务平台——BaaS（Blockchain as a Service）

近年来，互联网巨头围绕供应链金融、版权保护、法务存证、能源贸易等应用场景布局的开放式平台如雨后春笋般涌现。未来几年，区块链应用服务平台（BaaS）将继续成为互联网巨头竞争的主战场。在各大巨头构建自己的生态网络的过程中，一些行业标杆性的企业开始初有成果。对于行业巨头来讲，BaaS系统的技术架构突破只是时间的问题，协调好各个核心参与者的利益分配来进行生态的机制设计，仍然有很长的路要走。商业标准的形成对于企业抢占市场利润空间空前重要，这也成为企业重点关注和布局的对象。2019年，百度、阿里巴巴、腾讯等互联网巨头，以自身的云端存储为切入点，以联盟链的形式，布局开放式服务平台。

目前国内各大区块链科技企业的主要业务方向是面向企业、政府机构和产业联盟的区块链技术需求，通过"定制化二次开发+底链技术授权"的形态提供企业级的区块链网络解决方案。很多区块链的应用产品不是单独提供服务的，而是依托企业现有云平台实现区块链网络的快速部署、扩展和配置，同时对区块链网络的运行状态进行实时可视化监控。

伴随着我国新基建的浪潮，智慧化建设工程正在各地如火如茶地进行。越来越多的智慧供应链、智慧工厂、智慧城市的落地将为区块链的应用提供天然的数字化基础设施。同时，"定制开发+底链授权"的运作模式也使得越来越多的企业无须投入高昂的底链开发成本，即可以享受到优质的区块链服务，营销的策略和逻辑跟过去的云存储如出一辙。另外，各家企业纷纷进行区块链的落地布局还有一个关键因素，便是争夺标准制定过程中的话语权，区块链技术作为一个新兴产业和领域，标准、规范甚至是法律的保护与限制都处于空白阶段，在相关文件出台之前，实际落地案例和效果将成为企业级区块链竞争的关键所在。

以阿里巴巴为例，作为阿里旗下专注于"金融+区块链"的蚂蚁金服已经完成了在跨境支付、供应链金融、司法存证和电子票据等40多个实际应用场景的区块链试点。阿里的电商体系作为中国最大的数字经济生态，未来将会有越来越多的板块应用到区块链技术，进而繁衍出基于区块链的可信数字经济新生态，对于赋能产业，整合供应链和推动实体经济的创新发展具有深刻的变革性意义。

虽然性能仍然是目前制约区块链技术发展的关键"瓶颈"之一，但是参照互联网技术发展速度来看，区块链技术的"瓶颈"突破也会在很短的时间内完成。同时伴随着我国基础网络带宽设施的建设，区块链在易用性、可操作性、扩展性和交互性上都会有明显的改善，可以支撑起日常生活的千万级区块链应用正在孕育。经历了数字货币的疯狂，监管的高压，未来区块链技术的发展将回归理性，在良性的竞争生态中实现产业化的落地布局。

区块链未来生态展望

中国工程院院士陈纯指出，以美国为代表的西方区块链发展是基于金融创新带动其他行业进行创新，并且将有更多商业机构参与数字货币研发和商业模式探索。而中国的区块链发展的目的是要探索区块链在不同场景下的适用度，找到合适的场景，努力使区块链成为数字经济发展的新动能和社会信用体系的重要支撑。图2-3为区块链生态应用一览。

图 2-3 区块链应用生态一览

自习近平总书记在2019年10月24日在中央政法局学习会议讲话中提出将区块链技术作为国家发展的关键技术以来，全国各地纷纷出台了很多助力区块链健康发展的政策方针。重庆、深圳和青岛等地纷纷成立区块链产业园区，以进行统筹化的管理与安排，其他各地政府也会有针对性地对金融、民生和政务等区块链优先落地的关键领域提出建设性的指导意见。

孵化出区块链技术的金融领域，自然是区块链最活跃的应用场景，在数字货币、跨境支付、资产管理、供应链金融等方面已经形成了一批能够承担业务的新产品。在民生、政务、智慧城市等政府工作领域，区块链的应用前景和智能化改造空间将更大，这也可能是区块链从空中楼阁率先走向落地的关键场景。

根据行业专家的预测，在疫情的影响和政策的推动下，未来面向政府、有助于提升政府公信力的区块链产品将率先落地。一方面通过区块链的政府信息化改造，可以简化办事流程，降低政府风险，为老百姓带来实实在在的便利，也能为政府节约数据收集和审核的成本与时间，实现政府和人民之间信任的"深度破冰"，同时打通政府体系内不同部门、不同地区内的信息互通水平，提高服务效率和质量；另一方面，政府机关作为领头羊，也可以很好地为实体企业上链，使其打消顾虑，进行数据共享，推动区块链落地的进程。

第三章

区块链核心技术探索

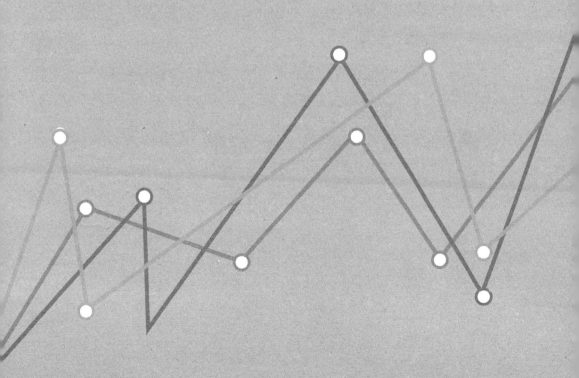

分布式数据库探索

何为分布式数据库？

分布式数据库系统通常使用较小的计算机系统，每台计算机可单独放在一个地方，每台计算机中都可能有DBMS（数据库管理系统，全称Database Management System）的一份完整拷贝副本，或者部分拷贝副本，并具有自己局部的数据库，位于不同地点的许多计算机通过网络互相连接，共同组成一个完整的、全局的逻辑上集中、物理上分布的大型数据库。

从单机数据库到分布式数据库

数据库概念的提出，要追溯到1970年IBM在硅谷的研究中心。当时一所名叫San Jose的实验室发表了一篇论文，它标志着现在被大规模使用的基于关系模型的数据库正式进入历史舞台。1972年，ORACLE（甲骨文）公司成立。从20世纪70年代到90年代初，数据库的市场一直被有限的几个大公司垄断。20世纪90年代中期，互联网走入了美国的寻常百姓家。

互联网的快速发展，使得网站数量也呈指数型增加，但是传统的商业级数据库却因为高昂的售价让使用者望而却步。此时，开源运行兴起，一些关系型数据库的基本代码也被陆续开源，其中最有代表性的便是1995年的MySQL数据库和1996年的PoStgreSQL数据库。到21世纪初，互联网泡沫将MySQL和PoStreSQL的使用与访问推向了新的历史高点。随之而来的移动互联网，更是将数据体量提高到了全新的高度。过去一个网站下面可能有一个数据库就可以满足需求。随着用户需求越来越多，业务需求也迅速增长，用户对于并发性和速度性也提出了更高的需求。2006年，Google在OSDI[1]大会上发表了关于Bigtable分布式数据库的论文。 2007年，亚马逊的关于Dynamo（亚马逊的key-ualue模式的存储平台）的论文发表。谷歌和亚马逊的这两篇论文作为后来NoSQL（泛指非关系型的数据库）的鼻祖，为未来数据库的发展提供了新的路径——分布式数据库系统。2007年之后，数据库的发展进入了快车道。随着数据的不断增长、业务的需求和用户使用形态的变化，传统的技术很难解决问题。一些金融场景，比如转账，就很难在NoSQL做一个银行的交易系统。NoSQL的Date modle（数据模型）较为简单，它不像SQL操作语言十分方便，谷歌在2012年结合关系型数据库和NoSQL进行融合，这为NoSQL开启了新的发展阶段。随着业务复杂度的提升，和关系性数据库融合的分布式数据库进入了主流数据库的行列。

---

[1] 计算机学界顶级答术会议之一，全称USENIX Symposium on Operating Systems Design and Implementation。

区块链和分布式数据库

中心化数据库的问题有很多，主要体现在以下几个方面：

第一，网络上的数据经常因为文件被删除或服务器关闭而永久被抹去，有人统计过目前互联网上的数据平均保存寿命只有 100 天左右。近几年，很多网盘产品纷纷关闭，如果不把数据下载到本地硬盘，你在数据库中的照片、信息和通讯录等信息都会丢失。

第二，在传统的中心化数据体系中，所有终端都要从一个 Web 服务器查找数据，一份文件在网络中会被不断地备份上传，随着数据体量的增多，这导致了效率不断降低，对服务器带宽的需求也与日俱增，带来了很高的成本问题。

第三，中心化主干网络的模式在高并发情况下网络访问时很容易发生拥堵，这也是目前黑客进行攻击的主要手段。随着数据体量和用户访问量的激增，当中心化数据库的适配技术无法跟上用户增量的时间空段，很容易发生系统性的安全问题。

第四，分布式数据库中，节点和节点间的沟通都要依托于分布式数据库的记录再传播。一旦"单点式"的中心被摧毁或者发生数据丢失、造假的情况，那么整个网络都会随之瘫痪，或者接收到错误的信息，用户的信息安全和隐私容易受到威胁。

那么，区块链的存储模式是否能弥补中心化数据库的这些缺点呢？

比特币之所以可以平稳安全地运行十余年，其内在的区块链逻辑就是分布式存储的系统架构。在这个区块链网络中，各个节点都会备份完整的比特币数据。试想一下，如果有黑客想篡改区块链网络中的信息，他需要在同一时间段内攻破超过全网50%以上的节点，才能修改数据，得到区块链网络的认同。对比传统的中心化数据库，作恶的成本被无限提高，这也是为什么区块链安全、稳定可追溯的原因。

说到这里，我们又会想，如果在数据体量十分庞大的情况下，作为整个网络中的一个节点，是否都要备份完成的数据，尤其是大规模的数据备份对于很多个人来说是十分不现实的。相信随着区块链技术的发展，这个问题也会得到相对合理的解决。

共识算法与哈希算法

如何解决区块链发展过程中链上区块的容量问题和数据体量激增的问题，成为近两年区块链工作者的关注焦点，闪电网络、区块扩容以及各种新型的算法层出不穷。为了深入理解其中的演变，我们要从区块链的三大共识算法讲起。

共识机制的产生，为区块链交易流程的实现提供了可能。

"code is law"——在"代码即法律"的区块链世界，共识机制就像一个国家的宪法，维系着区块链世界的正常运转。在区块链上，每个节点都会有一份完整的交易账本备份，链上每一笔交易信息都会在各个账本同步，只是获得信息记录在册的时间不同。绝大部分主流加密货币都是去中心化的，去中心化的核心要素之一就是拥有很多分布式的节点，而吸引节点加入网络的方式就是通过一套可以被广泛认可且具有可持续性的激励机制。激励机制都是通过代码写入链上规则的，而共识机制，简单的理解便是激励机制的设计，它解决了谁来记账、何时记账、记账权的获取方式以及记账后的激励分配问题。

几种常用共识机制

PoW（Proof of Work）：工作量证明机制。它是支撑比特币的共识机制，也是区块链的第一代共识机制。PoW的本质是"按劳取酬"，PoW的激励机制设计是根据你在全网记账过程中的贡献量来实现的。这里的"贡献量"指的是你为网络提供的计算服务（算力×时长），而这一过程被我们称之为"挖矿"。在均匀分布的前提下，人们"挖矿"所得的比重与各自提供的算力成正比，算力越强获得越多。

PoS（Proof of Stake）：股权证明机制。对比PoW，PoS没有挖矿过程，不需要电力和机器的投入，PoS共识机制在创世区块内写明了股权分配比例，并在后期通过转让和交易的方式，逐渐分散到生态用户的手中。PoS的机制可以理解为一个国家的政府先印发钞票，并通过交易和生产流转到每个人手中，同时通过利息的方式来增发货币量。简单来说，就是一个根据用户持有货币的多少和时间（币龄）发放利息的一个制度。类比现实的股权交易，可以通过股权变现、低买高卖等资本运作获得收益，而在这个过程中伴随着其他数字货币和本币的兑换，将会有更多散户进场，进而保证流通和相对安全。

DPoS（Delegated Proof of Stake）：授权股权证明机制。对比PoS，在此机制中没有任何一个个体或公司来控制整个股份的流通，所有的收益都会分给持有股票的人。可以理解为一家公司上市的第一天就解散了，但是其主要的业务线条还在按照上市前的约定运转，所有的收益都被分配给认领股票的股东。

PBFT（Practical Byzantine Fault Tolerance）：实用拜占庭容错算法。在保证活性和安全性的前提下提供了（n-1）/3的容错性。在分布式计算上，不同的计算机透过信息交换，尝试达成共识，但有时候，系统上协调计算机或成员计算机可能因系统错误并交换错的信息，导致影响最终的系统一致性。拜占庭将军问题就根据错误计算机的数量，寻找可能的解决办法，这无法找到一个绝对的答案，只可以用来验证一个机制的有效程度。

哈希算法与非对称加密

区块链的数字签名在加密时所涉及的两个核心内容，分别是哈希算法和非对称加密。

哈希（Hash）算法，通常也叫"散列函数"。它可以把任意长度的明文二进制数据通过散列函数算法，变换成较短的固定长度的二进制数据，这个二进制值就称为"哈希值"。区块链的代表——比特币所使用的哈希算法是SHA-256，其安全性非常高。哈希算法拥有以下的特点：

正向快速：给出明文和哈希算法，能在有限时间和有限资源内，将任意长度的明文快速计算出哈希值。

逆向困难：给定若干哈希值，在现有计算条件下，有限时间内几乎无法逆推出明文。

雪崩效应：哪怕原始输入信息修改一丁点儿，产生的哈希值也有很大的不同。所以，数据是否被篡改过，是否完整，都可以通过它的哈希值进行检验。

长度一致：长度不一样的信息散列计算后，长度是一致的。

冲突避免：不同的明文，通过散列计算后不会得到相同的哈希值，可避免发生冲突（哈希冲突可用一定方法来解决）。

为什么区块链选择哈希算法

区块链选择哈希算法有以下三个原因：

第一，加密私钥，保证密钥安全。

第二，数据区块验证，形成唯一交易ID。哈希值是一段固定长度且极其紧凑、数据唯一的数值表示形式，可作为区块ID，并实现数据验证功能。

第三，实现工作量证明。哈希函数的难题友好性构成了基于工作量证明的共识算法的基础。通过哈希运算得出的符合特定要求的哈希值，可以作为共识算法中的工作量证明。

非对称加密是加密和解密过程的一种描述。非对称加密的密钥有两把，一把叫公钥，另一把叫私钥。其中公钥可以公开，私钥自己保留。通信时，发送方利用公钥对信息进行加密，接收方通过私钥对信息进行解密，反之亦然。因为加密与解密用的是两个不同的密钥，所以这种算法也被称为"非对称加密算法"。其特点如下：

第一，非对称加密在通信前不需要先同步私钥，避免了在同步私钥过程中被黑客盗取信息的风险。例如，银行颁发给个人用户的私钥就存储在个人的U盾里。

第二，非对称加密算法一般比较复杂，执行时间相对较长，好处在于无密钥的分发问题。

第三，非对称密码系统的安全性都是基于一些困难的数学问题，也就是说，密码的解密过程要远远比验证答案费时。

区块链运用非对称加密算法解决了在不公开私匙的情况下公示自己身份的问题。

非对称加密可以实现对密文接收者的身份验证。发送者通过公钥对明文进行加密，这个密码只有拥有相应私钥的人才能解开。那么只要接收者把这道题解开了，别人就能通过答案来验证他确实是私钥的拥有者。很显然，全网在私钥的验证过程中同样要求"不对称性"，即使有明文、密文和其中一把钥匙，也推算不出来另一把钥匙。

智能合约

智能合约的出现

智能合约的定义出现在比特币之前，在1996年由尼克·萨博提出，尼克·萨博设想了一种能够自动执行的智能合约：以一套以数字形式定义的约定，包括合约参与方可以在上面执行这些约定的协议，而且攻击它的代价是昂贵的。当区块链出现的时候，人们就已经开始了努力尝试用区块链来实现这种可自动执行且攻击代价昂贵的智能合约。毕竟，在PoW共识算法之下回溯更改区块中的一笔交易，代价是巨大的，并且随着链的长度不断延展，代价将会呈指数型增长。而以以太坊为代表的新一批智能合约区块链平台，既可以满足上述条件，又可以提供代码审计和基于智能合约的再次编辑，这意味着区块链技术将对智能合约的应用产生质的飞跃。

智能合约的作用

当我们在互联网上完成一次交易，依赖的可能是支付宝这个买卖双方都认可的可信主体，而基于区块链来进行交易时，我们信任的是技术，而非一个具有情感的第三方。区块链的一个关键特性是，它能够通过使交易各方彼此直接接触而省去中间人。区块链可以在没有任何一方干预或授权的情况下用于订立合约。一旦满足了有关的合约条款，就可以自动缔结这些合约。这就是智能合约的产生。

还是以在链上的物品购买举例：

在计算机语言体系下，智能合约是一串代码，允许将资产或货币转移到基于区块链的程序中，也就是我们常说的钱包地址。当条件得到满足时，程序会按照约定执行资产的划拨与转移。与此同时，区块链存储并复制合约，保持合约的安全性和唯一性。通过这样的技术手段，区块链可以自动更新资产和货币转账、产品和服务收据等信息。

区块链智能合约在物流的场景中应用最为典型，货物从物流的环节到仓储的环节，利用并联的逻辑，一旦一个节点满足合约触发条件，货款将会自动拨付，整个过程在没有第三方和任何人工的情况下完成。

智能合约的优势

第一，灵活可控。在确认（或拒绝批准）合约履行的分布式系统中，多方不断地检查、重新检查和更新块条目，而其他缔约方拒绝任何不符合规定规则的履行。

第二，安全。遵循合约逻辑，然后在所有区块链节点上同时运行程序。所有相关方都可以比较结果。只有在双方都同意合约条款后，这些相关方才能修改自己的区块版本，然后在整个网络中复制该块。

第三，透明度高。智能合约的应用前提是参与方对于合约的信任，而信任可以通过开源与测试完成。任何区块链生态参与方都可以随时评估合约逻辑和底层机制是否合理，是否存在漏洞。他们中的每一个都可以验证和运行相同的代码。对于特定的专属合约，普通用户不能访问合约，这属于合约过程中的权限性查找，合约的所有细节只能由合约双方看到。

通证经济模型

分布式账本和共识算法作为区块链的技术内核，为可信的去中心化网络奠定基础。智能合约将技术和应用联系起来，同时也扮演了不同应用"公证人"的角色。在这之上，还有一个问题等待解决——网络中资源的分配问题。一套可持续、可发展、可以最大程度上兼顾各方利益的网络在这个环节中显得尤为重要，这就是区块链技术上层的通证经济模型。

通证，可以理解为我们常见的积分。但是不同于中心化机构的话费积分或者Q币，区块链通证具有更大的流通性，它是一个区块链项目的价值载体。伴随着区块链项目社区的扩大，通证的价值也会不断扩大。为何早期通证的设计如此重要，因为规则一旦制定，设计主体将会从规则制定者向规则维护者的角色过渡，社区的话语权将会越来越大。

通证经济模型的建立是区块链发展的必经过程，也是可信社会建设过程中的关键一环。尽管现在很多通证项目仍然被人诟病，但是放眼全球，已经有很多先行者给我们很多启发，区块链通证经济模型在一些行业具有天然的嵌合度。

比如数字内容行业。数字内容相关产业是高度数字化，业务流程都在数字世界中运转，是适用于通证化改造的典型领域。对文字、音频、视频等数字内容，目前已经形成的第三方付费广告、用户会员制付付费内容以及游戏中的游戏金币、道具等虚拟货币形式是常见的设计。

又如资产证券化领域。可以将线下资产上链，并将链上资产通证化。链上资产的线上交易，最典型的便是ABS——资产证券化。资产证券化通常指的是，将某种特定资产组合打包，以其未来产生的现金流作为偿付支持，通过发行债券来募集资金。将区块链和通证应用到这一类领域，所形成的资产通证化一方面可以通过将资产数字化变成可以由智能合约控制的智能财产，赋予投资者更大的财产管控权；底层资产的持有者和使用者也可以进入这个循环之中，其智能财产受到管控，他们亦可以直接参与交易；财产的收益分配，可直接由智能合约自动处理。

通证在公司内部治理、合规审计等方面也有很大的潜在空间。同时，通证的应用将会极大程度提高巨型组织间的信任程度，可优化流程管理，提高组织效率。未来，以通证经济支撑的社区组织架构将会形成一种可持续、可纠正的新型社会组织形态，来替代目前存在的一些公司形态和非营利组织模型。

第四章

DCEP——区块链里程碑应用

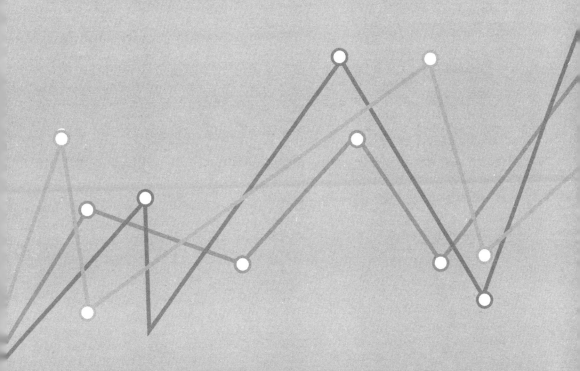

自金融时代DeFi^[1]的探索

自金融的由来

互联网时代的来临，使金融业发生了巨大的变化。互联网时代对于金融业的变革是深刻的，全新的商业模式使得传统企业在未来面临着越来越多的挑战。产能过剩、用户消费行为升级、成本提高、资金成本高昂成为压垮传统实业的一座座大山，也正是这一座座大山，成为互联网金融的护城河。一方面，寡头互联网企业开始涉足金融，比如阿里巴巴的余额宝上线数日吸金亿万，微信支付日交易量过亿；另一方面，新的金融玩法层出不穷，鱼龙混杂，各种理财产品的出现伴随着P2P的爆雷也让整个金融业喜忧参半。当互联网金融的第一次浪潮退去，在这场互联金融和传统金融的对决中，市场的竞争结果让"大者恒大，强者恒强"的格局被进一步验证。当"自金融"时代的萌芽出现时，金融的焦

---

[1] DeFi，一般称为"分布式金融"或"开放金融"，是decentralized finance 的缩写。

点关注到以人为中心的互联网金融，即"自金融"时代。这里"金融"的手段有别于传统金融的"以钱生钱"模式，更多的是通过互联网金融的方式将企业的信用、数据（商流、信息流和资金流）、未来的发展前景等和已有的资金做绑定，实现现有资金的效益最大化。过去的资金仅仅是数字，而互联网金融下的企业自金融是一个品牌，可以聚集更多优质低成本的资金。当然，在核心企业进行"自金融"体系建设的同时，对于优化自身的供应链管理，提高内部的运营效率也有帮助，因为只有企业的每一个齿轮和环节都向着"零摩擦"的目标前进，企业的自金融才会更具有流动性。

互联网为企业开展金融服务提供了基础技术支持，而更多的前沿技术，包括大数据、云计算、区块链、人工智能、物联网等，能够在金融领域有广泛且深度的应用，并且为与实体经济的结合，实现传统金融的转型服务提供了新的思路。可以说，自金融科技时代的来临，正当其时！

和自媒体时代的特征类似，自金融时代来自"草根阶层"，它出现和普及的速度伴随着金融分工的专业化和细分化而更加自主，这也使得传统金融专业的一部分"高高在上"被很快地拉下神坛。在这个开放、"自金融"的时代，专业垄断的传统金融逐渐成为众矢之的。不少互联网金融人都曾这样幻想过，如果有一天，实现全球人人存、人人贷，每一个人都可以成为中心，每一个人都可以为别人服务，别人也可以为每一个人服务时，传统金融就只能是个旁观者。

在互联网金融向自金融时代过渡的过程中，为了规避系统性的金融风险，同时规范金融市场的行为，央行一纸令下，支付宝和微信等第三方金融机构支付结算系统全部"条条大路通罗马"，成为央行的渠道之一。央行之所以出相关政策，一方面是为了规范自金融的发展，另一方面也是在拥抱"自金融"的运营模式所激发的集腋成裘式的变革。互联网金融带给个体的便利金融服务是各个方面的，比如足不出户就可以完成水、电、气的缴费，远隔万里就可以完成线上的支付购买，互联网金融和自金融带给个体的是不可逆的迭代过程。并且，因为互联网金融的便利性和高效性，使得自金融有了庞大的客户基础。庞大的客户基础使得第三方支付平台在与银行的竞争中占据越来越强的话语权和博弈筹码。而对比传统的中小型银行，由于自身渠道和客户数量的限制，可能会从主要面对地域性客户的角色逐步向担负资金清算后台的职能转变。支付并不是目的，而是通往数据收集和价值挖掘的必经之路。将支付作为获取数据和客源的入口，通过对数据进行画像分析与增值挖掘，第三方金融机构或许比银行更容易获得用户真实的信用评级，并将通过信用数据，为用户推荐合适的产品或带领用户进入特定的场景。对于银行来说，这部分不在传统金融范畴内的数据将极大程度地拓宽银行的渠道和客户选择。随着"玩家"的增多，传统金融的玩法和可操作性也会极大地丰富。正是得益于"自金融"极强的破壁能力，让更多的"玩家"坐上了金融的"高台桌"，让这场金融2.0的博弈变得更加莫测和有趣。

非金融企业依托信息技术，以服务自身主业及关联产业为目的，向其自身或有业务关联的企业及个人，如供应链的上下游企业、子公司及分支机构、终端消费者和自身员工等，提供投资、融资、支付结算与增值等综合金融信息服务。广义的自金融就是一个组织，可以是企业、集体、团队，不依赖外部的金融企业，在自身经济体进行投资、融资、支付结算与增值等行为。

过去很多非标准的资产，由于法律和规定的限制，都被束之高阁，无法作为一种信用载体为传统金融的流通赋能。如果将金融的变迁比喻为"菜品的升级"，自金融时代金融和资金仅仅是一种基础的原材料，如何通过搭配企业的贸易数据和知识产权等软实力制作高品位的料理，成了很多"大厨"（CEO）所考虑的问题。区块链就是现在备受关注的一项新兴烹饪技巧，其具有的经济前景和意义不可估量。更具有革命性意义的是，区块链可以加快数据资产化的进程，并通过可信的联盟信用加持为链上数据提供更多的增值服务，对金融市场，尤其是个人客户端的金融潜力发掘和企业客户端的金融实体提升，将产生更大的推动作用。

自金融在发展初期无法体现出规模效应的优势，所以对开发成本、运营成本要求比较高。而区块链技术的加持可以很好地降低它的开发成本与运营成本，这得益于区块链技术在经历市场考验后与自金融领域天然的适配。区块链的账本也达到了金融级别的安全，在运营上不需要大量人力、物力来进行高强度的对账和审计，从而节省了维护成本。中国山西煤炭和山西金控的合作，就采用了区块链加供应链的方案来做供应链的自金融。

区块链开启自金融的大航海时代

互联网时代的来临，使商业模式发生了翻天覆地的变化。随着更多的企业，特别是垄断企业的诞生，一个单一企业的经济体量规模，甚至可以媲美一个国家的经济体量规模。比如，当下的亚马逊公司的市值，甚至已经超过很多第三世界一个国家的经济体量。作为某个行业的龙头企业，"巨头经济体"对于金融服务需求已经有了更多的要求，涵盖了从简单的融资需求，到资金的保值增值、相关的信用授权等工作。

因为巨头体量的快速扩大，他们对于全流程金融服务的需求也日益增强，这使得企业内部"自金融"的势能越来越大。伴随着国家对于金融创新服务的支持和政策的放开，很多核心互联网企业已经集齐了包括保理、小额贷款、保险、票据撮合在内的很多金融牌照，可以说除了银行的牌照没有，其余几乎应有尽有。虽然无法得到银行的正式牌照，但是巨头依旧可以通过资本的加持实现全产业链的布局，比如腾讯系的微众银行，阿里系的网商银行等。在互联网银行和虚拟银行的布局上，互联网巨头企业已经走到了传统金融机构的前列，并且在未来，这些"打通任督二脉"的自金融体系将为企业带来业绩的几何倍增速。

对比传统的银行等金融机构，巨头企业之所以可以成为"影子银行"，拥有"自金融"能力，一方面是因为伴随着企业体量的不断扩大和现金流的极速增长，其抗风险的能力已经远远超过了很多中小银行，具备了"影子银行"的潜力；另一方面，很多巨头都经过了IPO的考核成功上市，其相对公开透明的财务数据和经营状况，使得企业在潜移默化中拥有了让市场可以信赖的信用基础。

核心企业构建的自金融体系，不仅可以使以该企业为核心的生态内部的信息和资源流转更加高效、智能和可控，还能通过加大对底层核心技术的研发突破，尤其是安全和隐私技术的研发攻关，使企业的自金融具备更高的抗风险能力。

相对于传统金融，自金融的优势更加独特。这个概念很久之前便出现了，之所以没有被广泛关注，是因为成本不菲且对技术要求颇高，这使得自金融只是社会经济活动中少数头部企业的专利。系统改造所需付出的成本代价、建立强信用体系的时间和资金成本、对于供应链透明度把控的能力，使得中小企业在自金融的道路上只能成为核心企业的埋单方。此外，目前不完善的征信体制，缺乏具备公信力的共享征信平台，也使得企业难以防范信用风险。

幸运的是，金融服务日渐完善的产业链与逐渐低廉的成本降低了普及的难度，使得"自金融"模式的广泛应用成为可能。相较于前两者，"自金融"体系更能满足企业个性化的金融需求，从简单的融资到资金的保值增值、相关的信用授权等，新的模式能帮助企业摆脱传统金融机构的资金束缚，使其能设立属于自己的融资平台，实现从外部融资到内部管控的完全自主。同时企业还能结合自身主营业务，自主定制自金融产品/服务，实现上下游企业的关联互通，让金融活动能深度辅助自身产业发展。

近年来互联网技术的进步，特别是区块链技术的诞生与发展，让"普惠科技"和"普惠金融"成为现实。区块链的自身属性，恰好为解决自金融的实现问题带来了可能。区块链作为去中心化的分布式数据库，或者通俗地说，是一本"储存在每个人手中全公开透明的电子账本"，其共识机制恰好解决了陌生人之间的互信问题。其多入口、不易被黑客攻破的安全性，与每笔交易均会公开信息的透明性，则大大降低了使用者的操作风险。国家近年来对全国区块链技术的大力推动与统一区块链标准体系的制定，更使得全新金融体系诞生的趋势越发明显。

金融科技的进步，会大幅度地降低成本并提高效率，使得曾经无法被普适使用的金融服务，尤其是"自金融"服务得以拥有了被普适化使用的机会。全新的技术思维和方法升级，不但会改变企业内部业务流程，为企业之间和社会之间信息、资金、物流等自由流动方面提供了很好的帮助。与此同时，科技进步促进了金融行业自身的发展，众筹、数字货币、P2P、消费金融等金融创新模式也将不再为大型企业所独享。

自金融时代让科技金融赋能实体经济，让区块链技术构建信用金融的基础设施，让真正意义上的普惠金融改革得以实现。而作为科技金融中必不可少的区块链技术，必将成为开启自金融大航海时代最为关键的钥匙。

为什么要有DCEP

从Libra到DCEP

2019年，Facebook发起的Libra联盟发布了Libra项目白皮书，其主旨是要建立一个简单的全球性货币和为数十亿人赋能的金融基础设施。

Libra是基于一篮子货币的合成货币单位。Facebook声称Libra将具有稳定性、低通胀率、全球普遍接受和可互换性。Libra 的货币篮子中美元占据了主导地位，也包括日元、欧元和英镑。为了避免单一国家汇率的变化对Libra的汇率造成影响，Libra采取了加权平均汇率的方法，使得Libra的汇率处于低波动的稳定状态。

Libra发行基于100%法币储备，这些法币储备将由分布在全球各地且具有投资级的托管机构持有，并投资于银行存款和短期政府债券（也就是参照中央银行外汇储备的投资风格）。为了保证早期投资者的收益，维持系统的低汇率、可持续的安全运行，Libra采取了法币储备的投资收益模型，只有投入法币储备，才可以获得投资收益。

Libra联盟通过在全球选取合规且有实力的银行和支付机构作为其授权经销商，授权经销商可以通过与上述的一篮子货币池进行交易。Libra联盟、授权经销商和法币储备池通过Libra与法币之间的双向兑换，使Libra价格与一篮子货币的加权平均汇率挂钩。

Libra有价值储藏功能。Libra白皮书披露，目前并没有相关的下一步计划将Libra用于实际的交易场景中，作为一种货币，其计价功能将极大影响使用者的体验。

Libra致力于推动金融普惠。一个Calibra数字钱包，一部智能手机就可以满足使用Libra的物理条件。Libra的交易手续费低廉。在中国，我们享受着支付宝、微信在支付领域的便捷，但是在海外，人们使用更多的是银行卡和现金，为了使更多的世界公民享受到低手续费、高灵活性的交易处理方式，Libra及其联盟内的参与方将提供覆盖医食住用行各个领域的场景为Libra的推动铺路。

在Libra问世之前，已经出现了很多稳定加密货币，比如USDT（泰达币）。这些稳定货币的主要功能在于实现法币和虚拟数字货币的兑换，并没有和实体经济与支付结算场景融合。Libra是否在未来可以真正作为一种支付的工具和计价单位，仍需要市场的检验。目前，Libra每秒钟可以进行1000笔交易，但是放眼Libra的全球交易支付结算市场，显然无法满足实际的需求。

Libra区块链属于联盟链。为了可以支持初级常态的交易场景，Libra将第一步的节点控制在100以内，以期来满足每秒钟1000笔的并发量。Libra具有和IMF特别提款权相似的金融数据，都属于一篮子货币体系模型下的超主权货币体系。Libra并没有创造新的货币，因为无论是Facebook还是Libra联盟内，公司的信用都无法与国家信用相提并论，所以采用一篮子货币体系是意料之内的选择。因为是基于100%的储备池发行，所以不会产生法偿性，在法律层面Libra属于非国家化货币，也不具备无限法偿性。

试想，当一些弱势货币国家为兑换Libra作为避险资金，会大批印钞引发国际货币体系的动荡，而目前Libra协会成员不具备处理类似系统性风险的能力，所以Libra亟须一个类似"联合国"的超主权机构的存在来为其风险控制能力和国际话语权背书，同时还要应对Libra未来作为贷款通道向M1或者M2的领域扩展的可能。

仔细思考Libra的等值储备计划，不难发现这本质是美元M0（货币总量）的储备。一旦涉及信贷市场，扩展到M1和M2的范畴，并不会如约定100%储值，这势必会导致通货膨胀和美元霸权的再度泛滥。所以，Libra从诞生之初便受到了世界各国，尤其是一些欧洲国家的重点监控，也有国家提出必须有国家金融联合体来对Libra进行监管和干预。

之所以Libra的诞生会让世界金融市场为之一振，是源于 Facebook 的27亿用户。还记得当时微信支付推出之后用了短短不到1年的时间就和支付宝平起平坐了，其背后的资金储备（无须付息）是难以估量的。而这些近乎零成本的资金如果被用来系统维护与升级和协会分红，必然会对Libra管理资产的盈利性提出要求，迫使Libra在世界范围内寻找高收益资产。

因为Libra天然的互联网化和与区块链技术的深度融合，很多国家对于这类虚拟货币在洗钱和恐怖主义融资方面表示担忧。不难看出，Libra要想发展为一个世界级的超主权货币，就必须得到各国法律、监管及央行的认可，而Libra的创始机构Facebook拥有强大的社会动员能力，虽然大多数国家对Libra处于相对高压的紧密监管状态，但是Libra极有可能通过其商业属性上的极强渗透能力成为跨境支付的现象级金融产品。

Libra的出现也为我国金融市场敲响了警钟，如果Libra可以和人民币进行兑换，人民币大概率会遭遇挤兑和贬值，而负反馈会使得Libra的兑换需求水涨船高，进入恶性循环。这也是很多发展中国家对Libra持否定态度的原因。

为了主动应对Libra对全球货币市场的挑战，由央行牵头开发的数字货币项目DCEP（数字货币和电子支付工具，Digital Currency Electronic Payment）也进入了快车道。DCEP的功能和属性跟纸钞完全一样，是纸币的数字化，是具有价值特征的数字支付工具。

DCEP具备"双离线支付"功能，即在收支双方都没有网络的情况下依旧可以进行交易结算。将DCEP的应用植入智能手机，通过应用加密的NFC技术（近场通信技术，Near Field Communication，简称NFC技术），可以实现在无网络的环境下点对点结算。区别于目前的微信、支付宝支付，DCEP无须绑定任何银行账户，它就像你拿着一沓纸钞进行购物消费一样，同时它能像纸钞一样流通。DCEP跳出了传统银行金融机构的限制，纸钞实现数字化，人民币的全球化是它最大的优势。

与其他虚拟资产不同，DCEP属于法币，跟现金一样，也具有无限法偿性，只要能使用电子支付的地方，就必须接受央行数字货币。当我们使用支付宝、微信支付时，本质上还是用商业银行的存款或授信进行交易。央行数字货币推出后，支付的是央行的存款货币，其渠道和场景没有变化。

央行推出DCEP的原因

为什么央行要推出DCEP呢？首先，是为了保护货币主权和法币地位。其次，现在的纸钞、硬币发行、印制、回笼、贮藏各个环节成本过高。DCEP在兼具匿名性的同时顺应了移动无纸化支付的潮流，它本质是人民币的电子化，具有现钞属性。

伴随着自金融2.0时代的来临，不光是大众的支付方式在发生变化，上至企业乃至国家的货币结算方式也在发生变革。目前，全球金融体系面临的焦点问题就是是否以美元为中间价进行结算的。在2015年之前，人民币的跨境支付结算高度依赖于美国的环球同业银行金融电讯协会的SWIFT系统和纽约清算所银行同业支付系统CHIPS。2015年，我国自主研发的人民币跨境支付系统CIPS上线，从那之后，我们对于SWIFT和CHIPS的依赖程度才有所降低。

成立于1973年的SWIFT清算系统已经覆盖全球200多个国家和地区，与上万家知名金融机构发展成为会员关系，并为其提供跨境结算系统的接口软件和安全报文交换服务。根据权威机构统计报告显示，

SWIFT系统全年结算额约2000万亿美元，每日结算额可达5万亿至6万亿美元，并且该数字仍然呈上升趋势。

作为全球最大的私营清算系统，CHIPS由纽约清算所协会开发经营，于1970年问世。CHIPS系统主要进行跨国美元交易的清算，处理了超过全球九成以上的美元贸易。

SWIFT和CHIPS适应了国家化发展的大趋势，链接了国际上主流的银行和金融机构，通过低廉、便捷和高效的服务在国际金融结算领域站稳了脚跟。为未来国际金融清算的规范化、可持续化、健康化发展做出了重要贡献。

高度依赖SWIFT和CHIPS系统对于发展中国家的金融体系建设一直存在风险。

第一，SWIFT和CHIPS已经成为美国在全球进行金融制裁和货币战争的主要武器。2006年，美国财务部便是通过这两大系统发现了和伊朗存在资金往来的欧洲银行，并以恐怖主义为借口冻结了伊朗客户在欧洲100多家银行的资金，并将与之有资金往来的金融机构列入黑名单。国际金融机构和伊朗割裂，使得伊朗对外金融渠道的拓展寸步难行。美国的老对手俄罗斯也曾因为2014年的乌克兰危机享受了被SWIFT拒之门外的"待遇"。

第二，随着支付结算方式的技术迭代，SWIFT效率低、成本高的特点被越来越多的使用者诟病。以国际电汇为例，通过SWIFT通常需要3~5个工作日才能到账，大额汇款还依赖于纸质单据，万分之一的金融服务费也大大增加了大额汇款的成本。

货币是社会组成单位发生社会关系、交换关系所必不可少的媒介。货币媒介的畅通程度和全球化程度，是社会生产力发展的重要因素。伴随着技术的更迭，在数字金融和科技金融驱动的2.0时代，SWIFT和CHIPS的局限性已经不适应时代的发展。区块链和大数据技术的成熟，使得绕过美元霸权地位，构建一个相对合理、公平、透明、可靠的清算平台成为各个国家协作的奋斗目标。在国际清算的场景之中，因为区块链技术的留痕溯源、分布记账、公开透明和安全可靠的特性，使其可以很好地服务于不同国家间的货币系统协作。目前，全球已经有超过90个大型跨国集团加入到了基于区块链技术的货币清算联盟中，越来越多的金融机构也在尝试通过以区块链技术为支撑的新型清算系统来替代部分SWIFT的功能。这正一步步动摇着美元在货币体系中的地位。

想要打破美元的霸权地位，就要搞清楚美元是如何一步步成为全球硬通货的。在布雷顿森林体系瓦解前，货币是依托黄金、白银等贵金属按比例进行锚定来实现价值公允。自布雷顿森林体系瓦解之后，货币和国家的主权信用形成了强绑定关系，包括国家的石油储量、GDP和财政收入等。"二战"后，美国通过强大的军事力量和"战后话语权"实现了全球石油清算体系和美国的唯一绑定，并借助石油美元结算体系染指了大部分国际贸易结算，实现了美元到"美金"的全球货币转化。

作为全球硬通货的美元，为美国从全球掠夺资源做出了不可磨灭的贡献，而伴随着美国跨越式发展的反面就是金融危机的隐患日益增强。1970年，在布雷顿森林体系瓦解之前，全球基础货币总量（央行总资产）不到1000亿美元；1980年，这一数字大约是3500亿美元；1990年，这一数字大约是7000亿美元；2000年，这一数字大约是1.5万亿美元；2008年，这一数字变成了4万亿美元；到2017年年底，这一数字是21万亿美元。近十年来，美国多次通过印钞和国债的方式来刺激经济发展，进而摆脱经济危机，使得美国的债务从2007年的9万亿美元上升到2019年的22万亿美元。22万亿美元的国债规模已经超过了美国的GDP。未来，如果美国债务持续激增，当财政收入不足以偿付到期债务和利息，美国将进入"次信用"时代，融资能力将大大降低，一场持续规模更久、波及范围更广、破坏力更大的金融危机将不可避免。

央行主导的DCEP数字支付大变革

DCEP的双层运营体系

DCEP具有和纸钞、硬币相同的功能与属性,是人民币的数字化载体,是现有流通人民币的完全替代。

央行对 DCEP 的定义是,具有价值特征的数字支付工具。价值特性的具体表现是无须账户就可以进行交易,当你拥有DCEP后,你无须在任何商业银行开具账户,就可以实现对个人、对机构的价值转移。

《中华人民共和国人民币管理条例》规定,任何单位和个人不得以格式条款、通知、声明、告示等方式拒收人民币,因为DCEP就是人民币的数字化,一样具有无限法偿性,所以拒收DCEP属于违法行为,任何个人或机构都无权拒收DCEP。

我国的基础条件较为复杂,疆土辽阔,风土各异,经济发展和人口情况都有着明显的地域性。DCEP采用了双层运营体系来满足系统的多样性和复杂性。

DCEP的双层运营体系可以分为上、下两层。上层的参与主体是央行对商业银行，央行将DCEP通过商业银行的渠道输送到市场端，下层是商业银行服务于公众。双层架构体系的设计可以充分调动市场积极性，实现资源的最优配置。

双层运营体系不仅适用于 DCEP 的兑换本身，对于加速技术开发也有帮助。目前，央行对 DCEP 的技术路线是开放的，不会干预商业机构的技术路线选择。只要满足央行并发量、客户体验、技术规范的要求，商业机构可以采用任何技术路线，如采用区块链技术等。央行是技术中性的，且无论商业机构采用哪种技术路线，央行都能适应。

该运营体系能够通过"赛马机制"的竞争选优来实现系统优化，共同开发，共同运营，这样不仅有利于整合资源，也有利于促进创新。除此之外，该体系还可以让 DCEP 借助支付宝和微信等商业机构的力量进行推广。

另外，双层运营体系还可以避免金融脱媒。如果央行采用单层的运营体系，即直接向公众发行数字货币，央行将会成为商业银行的直接竞争者。在这种情况下，央行可以替代商业银行做所有金融业务。但这是不现实的，央行无法应对所有复杂的局面。

虽然 DCEP 采用双层运营架构使得央行不会与商业银行以及支付宝、微信支付等商业机构进行直接竞争，但 DCEP 的推出无疑会加强央行对货币流通的控制权，其更高的安全性和便捷性，以及更广泛的使用场景（如可在无网情况下进行转账）可能会导致商业银行的"存款搬家"，而这会影响金融体系的稳定性。

为此，央行会对DCEP施加使用限制，如增加银行存款兑换DCEP的成本等。另外，为了引导持有人将DCEP用于零售业务场景，央行也可能采取相应措施。这些措施可能包括：

时间、金额限制。央行可能根据 DCEP 账户的不同级别设定交易限额和余额限制，也可能设置每日及每年累计交易限额，并规定大额预约兑换的规则。

交易费用限制。必要时，央行可能对 DCEP 的兑换实现分级收费，对于小额、低频的兑换可不收费，对于大额、高频兑换和交易收取较高费用。

这些措施还可以在反洗钱方面发挥作用。

受到监管的DCEP

公众是有匿名支付需求的，以往的纸钞能够满足公众匿名需求，但现在的电子支付工具不能满足匿名需求——互联网支付、银行卡支付都是跟传统银行账户体系紧紧绑定的，采用的是账户紧耦合方式。

目前 DCEP 关于账户耦合方式的信息尚不清晰，据中国人民银行副行长范一飞称，DCEP 可能采取账户松耦合形式。如果 DCEP 基于账户松耦合形式，将使交易环节对账户的依赖程度大为降低，甚至无须账户，就能保持现钞的属性和主要的价值特征，又能满足公众便携和匿名的要求。

在此情况下，在便利公众支付的同时，DCEP 还需要保持一个平衡，即不能便利犯罪。在匿名性上，央行数字货币必须实现可控匿名，只对央行这一第三方披露交易数据。原因是，如果没有交易第三方匿名，会泄露个人信息和隐私；但如果允许实现完全的第三方匿名，会助长犯罪，如逃税、恐怖融资和洗钱等犯罪行为。

在 DCEP 采用松耦合账户体系的情况下，央行可要求运营机构每日将交易数据异步传输给它，既便于央行掌握必要的数据以确保审慎管理和反洗钱等监管目标得以实现，也能减轻商业机构的系统负担。央行可以使用大数据的方式进行反洗钱、反逃税、反恐怖融资这些工作。也就是说，虽然普通的交易是匿名的，但是根据行为特征的大数据分析，央行能够锁定个人洗钱行为和真实身份。

另外，出于反洗钱的考虑，央行会对 DCEP 的使用进行限制，除了上文提到的对时间、金额、交易费用的限制外，对数字钱包也是有分级和限额安排的。比如无身份认证的钱包只能满足日常小额支付需求，但绑定身份证或银行卡，就可以获得更高级别的钱包，到柜台面签则可能获得没有限额的钱包。

DCEP 采用混合架构，但如前所述，DCEP 的混合架构不预设任何技术路线。

央行货币研究所所长穆长春表示，"目前属于一个赛马状态，几家指定运营机构采取不同的技术路线做DCEP的研发，谁的路线好，谁最终会被老百姓接受、被市场接受，谁就最终会跑赢比赛。所以这是市场竞争选优的过程"。

目前各机构采用的技术路线并没有太多信息披露。不过值得一提的是，由于 DCEP 高并发的要求（每秒交易笔数至少要达到 30 万笔 / 秒），DCEP 在双层运营体系的央行层并未采用区块链技术，当前的区块链技术在性能上无法满足这种高并发要求。但对于区块链技术中常见的可以自动执行协议的智能合约功能，中国人民银行副行长范一飞指出，有利于货币职能的智能合约可以考虑，但对超出货币职能的智能合约应持审慎态度。

DCEP带来的机遇与挑战

DCEP带来的机遇

央行数字货币在一定意义上等于纸币，而唯一的不同在于从前装纸币的是我们的钱包，而现在是我们智能手机里的数字钱包。同时，从功能角度来分析，当个人仅仅持有实体现金时，作为信用主体的个人极容易遭到各家银行的挤兑。但当DCEP进入千家万户时，央行对于每一个公民的货币持有量将会有更全面的了解，同时对于货币的流向也有更清晰的追踪方式。央行数字货币的计息模式将改变无风险资产和风险资产的定价体系，这将有利于刺激消费，推动经济发展。

除了负利率的可能，DCEP还将助力无纸化交易走上快车道。虽然DCEP不能100%取代纸币，但是它将大大提高人民的便利度，所有的消费无须提前绑定银行卡，任何商家不得拒绝DCEP的支付方式，距离"无现金社会"又近了一步。

DCEP的推出旨在增强人民币的国际化程度。在这个空白的领域，随着中国的影响力不断扩大，我国基于央行数字货币的金融体系也会被越来越多的国家所采用。这将极大促进人民币的国际化并提高其影响力。

基于区块链作为底层开发的DCEP也可以加载智能合约。DCEP会推动互联网从移动信息互联网向移动价值互联网转型。得益于DCEP的普及，DCEP生态的建设是国家级全地域全场景的覆盖，这对于后续场景的价值传递也有深刻的变革意义。

DCEP还会助推区块链与实体经济的融合。一方面，DCEP会进一步净化区块链"币"圈，让那些打着替代法币幌子的空气币、山寨币无处遁形。随着国家监管手段的创新与监管能力的提升，区块链底层技术的研究以及与实体经济的融合会得到更多政策、资金的重视与支持；另一方面，DCEP的推出解决了区块链困扰已久的支付、结算标准问题，将助推区块链场景的落地，加强与实体经济的深度融合，为实体产业赋能，创造新价值。随着DCEP的推出，未来几年是传统行业与区块链紧密融合的关键时期，将会涌现新型的商业逻辑、运营模式和监管服务，为实体产业"换道超车"提供机遇。

中国是全球第一个推出国家主权货币DCEP的国家，所以DCEP具有很强的示范效应。DCEP的推出标志着数字货币时代的加速到来，对于当前的货币体系将是一次大变革，未来数字货币的赛场也许会变成以各国央行为领头羊的竞技场。希望通过数字货币系统规范金融市场货币体系，解决原有货币体系中的各种痛点问题。中国的DCEP走在世界的前列，也许2019年8月中央发文在深圳开展数字货币研究和移动支付试点时，已考虑将这作为DCEP的实战演练：在试行中发现问题、解决隐患、确保DCEP数字货币在流通中放得出、看得见、管得住，保证国家的货币体系长期健康稳定发展。

DCEP未来面临的挑战

发行初期，DCEP或将因为供不应求而出现溢价。尽管DCEP作为MO属性货币，其发行量可以与纸币同等，但是作为试点性产品，其初期发行量必定有一定限度。由于全社会乃至全世界对加密数字货币的高度关注，DCEP在计划透露的早期就受到了国际社会的强烈关注。作为国际上第一个具有无线法偿性的数字货币，无论是出于其"法币"价值本身的托底，还是人们对于这种前所未有的货币持有的"投资品"好奇心，都会促使DCEP在上市之初被市场热捧。虽然只是一串数字和代码的组合，但是和央行发行的纪念币一样，具有极高的储藏价值。

对惯用USDT等稳定币的虚拟货币市场参与者，DCEP将逐步代替其成为数字资产交易市场的主流工具。虽然目前USDT作为全球虚拟数字货币市场的主要交易中介货币，但是其信用背书是极其脆弱的商业背书。以目前在虚拟数字货币交易占比超过七成的USDT来讲，其遭遇的做空和币价暴跌就说明了商业体系的不可靠，其声称的1:1一直受到各方的质疑，时至今日，也无法保证其保证金账户有等额的美元储备。相信伴随着DCEP的发行，主权信用国家法定货币的加入必然会给投资人更多安全感。在DCEP面前，USDT将面临被挤兑的风险，至少在Libra等锚定美元的数字货币问世前，DCEP将是加密数字资产的主角。

从另一个层面和维度来看，DCEP的大规模使用还受限于底层架构和区块链系统的并发量，但是以目前区块链技术的发展程度和水平来判断，DCEP的大规模高频次使用还是对系统开发提出了挑战。如果放弃区块链在关键板块的作用，为了提高并发量从而采用混合体系架构，就必须考虑整个系统的安全问题和抗风险能力，这对于DCEP的应用都是不小的挑战。

第五章

区块链应用生态探索

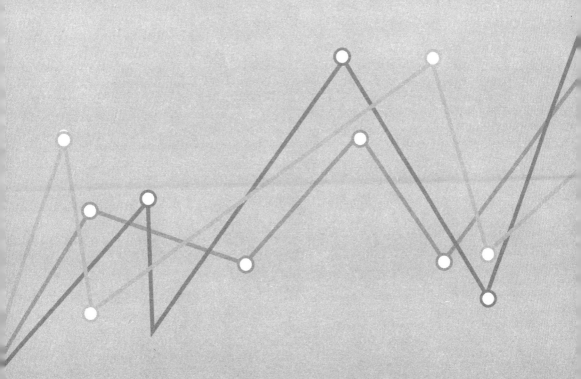

区块链应用的早期探索

纵观整个区块链行业，不难发现，以ICO（首次代币发行，全称为Intical Coin offering）为代表的公链模式凭借天然的金融属性已经在加密货币领域，让世界看到了"区块链"这项底层技术的价值。但是，类似比特币或者其他加密货币这种高风险的数字资产，对于普通大众来说还是停留在概念上，也有不少质疑的声音一直围绕在区块链应用落地的过程中。何时可以出现一个像"淘宝""微信"这样的区块链产品，成为所有从业者魂牵梦萦和不断为之努力的梦。

2016年到2018年，当时的应用十有八九都是围绕着加密货币，围绕着投机和盲从。2019年，伴随着加密市场的逐渐冷却与技术的不断迭代，区块链和实体的结合成为新的风向标，"区块链+"成为所有互联网人都绕不开的年度热词。反观互联网的发展，从最初的"乱、杂、慢"到一步步地走上正轨，也伴随了一个个底层平台的开源和关键技术的突破，伴随了一批批应用的下架和上线。常被从业者提起的"今天的区块链就是20世纪90年代的互联网"是不是也在经历这样的阵痛？区块链应用生态发展未来究竟会如何，又将何去何从呢？

无论是现有平台还是现有应用的技术形态，都经历了发展之初的迷茫期。

技术找不到方向，应用自然找不到场景，创造价值和变现也就无从谈起。如果一项技术仅仅是凭借噱头和炒作来吸引投资人，那这根本不是一个长久且健康的商业模式。尤其是当虚拟货币掺杂着无数投资者血与泪的教训时，我们不禁发问，区块链究竟可以干什么？如何和现有技术做嫁接与融合，如何通过这项安全可信的技术来实现"降本增效"，最终实现对利润的加持？

反观阿里和腾讯的早期，他们的创始人也一样很迷茫。腾讯CEO马化腾在公司困难期进行融资时曾被问得哑口无言，在回答"为什么要融2000万元"的问题时，他回答道："我公司需要2000万元，才能活下去。"当时的互联网让人丈二和尚摸不着头脑，怎么盈利、何时盈利这两大问题，不断地拷问着这个行业。现在的区块链也是如此。技术创新必然要经历从技术向场景转化的阵痛，在这个过程中，技术投入不产生收益，创新缺乏激励，因此，更需要资本的支持和政府的鼓励。

区块链在我国的发展时间不久，到目前为止，整个行业主要有几个特点：地域分布集中，企业数量较少但数量增长快，投融资较为活跃，领域分布较广。相对于国际其他地区的行业发展，我国区块链行业起步稍晚，但凭借着在互联网行业的绝对优势，区块链的潜力被大大激发，正在高速发展。

目前，我国共有区块链相关公司439家，大部分分布在北京、上海、广东、浙江。其中北京占比34%，上海占比21%，广东地区占比

17%，浙江地区占比10%，其他地区合计占比18%。

目前我国区块链创业企业的行业分布较为集中，主要集中在金融服务及企业服务，占比超过80%。金融服务领域主要包括跨境支付、保险理赔、证券交易、票据等。企业服务主要集中在底层区块链架设和基础设施搭建，为互联网及传统企业提供数据上链服务，包括数据服务、BaaS区块链应用服务平台、电子存证服务等。

从整个行业分布来看，我国区块链行业发展还处于探索早期，覆盖的行业及领域有限。但是也有一些利用区块链技术特性实现新的商业模式的项目，如链上数据交易服务等新兴领域。从目前的数据来看，金融服务行业和企业服务行业依然是实现突破的领头羊。

从投资轮次来看，初创期投资轮次（轮以前）占比高达96.5%。受区块链行业发展阶段所限，被投项目中轮次占比最多的为天使轮和A轮（包括Pre-A轮和A+轮），两者之和达到总量的76%；轮次占比最低的类别为B轮及以后，仅占3%。除此之外，战略投资所占比例达到14%，且多有行业先行者共同参投。

适合与区块链结合的行业特征

传统行业和区块链结合或者进行区块链改造也是有局限的。区块链解决的核心问题是信任问题，所以在和区块链做结合的时候，所有的行业都要思考，自身的痛点是不是因为信任出现问题而产生的。另一种判断方式就是数据的信息化程度。在一个信息化程度不是很高的行业，区块链强行进入可能会使得付出大于回报，因为区块链是大数据时代下的新型生产关系的迭代，数据体量庞大，数据流通效率低下，数据交互不便捷也是区块链应用要解决的痛点。在数据成为生产要素的时代，区块链可以让生产关系更好地适应生产力的发展。区块链跟其他新技术和模式一样，在带来好处的同时，也会由于技术和解决方案的不成熟，引发一些新的问题。在高度成熟化的细分市场中，区块链的应用并不占优势。

与当前的互联网产品不同，区块链属于未被大规模验证的技术。互联网行业发展到今天，盈利模式相对成熟，只要用户量的增长达到一定程度，收入增长可以说是水到渠成的事情。而对于区块链来说，本身的差异化盈利属性没有被验证，它的盈利模式目前还不是很清晰。

区块链的核心价值是信任成本的降低。不论是什么样的商业模式，抽丝剥茧之后必然是信任的内核，否则就不能说是一个基于区块链的差异化商业模式。如果要平衡区块链技术本身带来的壁垒和摩擦，需要找一个本身信任成本极高的应用场景。这样的信任成本往往体现在两个方面：信任中介逻辑的高复杂度（比如当贷、抵押、估价、平仓）以及支付本身的高成本（高风险行业的超高支付中介费率）。

低成本全球化是区块链低信任成本的重要衍生价值，也是一个很好的差异化入口。区块链消除了国家和金融体系之间的跨越壁垒。如果一个市场本身的全球化属性非常强，那么它一定在全球化的过程当中，受到了全球价值流转体系割裂的限制。区块链作为天生的全球化的价值流动平台，必然会和使用传统价值流通体系的应用产生高度差异化的全球化成本。

之所以讨论适合区块链的细分市场和商业模式，不单纯是为了探索这个单点的商业模式，更重要的是希望能让这种商业模式或者细分市场，成为可以燎原的星星之火，可持续地引入新的开发者。

设计未来，区块链应用的非凡包容性

随着我国的信息化建设和企业数字化转型进入攻坚期，区块链的运用将逐步成为各行业深化信息技术应用的主力方向。在未来大数据作为基础生产要素的"数据时代"，人工智能将成为数据时代的关键生产力，在短时间内挖掘数据的价值，云计算将作为数据部署的基础设施存储数据，而物联网则作为关键的数据获取通道。取代生产关系和激励机制的便是区块链技术。区块链可以定义数据的使用规则、权利划分、责任归属，大大提高数据的流通效率和共享程度，是数据时代的基本生产关系。

区块链与新一代信息技术融合

1.区块链与大数据

区块链是一种不可篡改的、全历史的数据库存储技术，随着数据体量的激增和数据形态的丰富，有限的链上数据存储将面临巨大的挑战。为了实现区块链技术和传统实体经济的有机融合，不同业务场景区块链的数据融合将成为整个行业亟待攻关的第一个技术问题。虽然区块链提供了完整的账本结构，但是链上数据统计分析的能力仍然较弱。

大数据具备海量数据存储技术和灵活高效的分析技术，尤其是分布式数据库和大数据的融合，将极大提升区块链数据的价值和数据体量，并可通过人工智能技术挖掘出更大数据。数据的价值在于数据的体量和数据的可信程度，区块链技术通过解放不同孤岛组织间的数据，实现1+1>2的效果，同时在区块链上的数据不可篡改、全程留痕，链态系统中的各方都是数据的背书人，有利于建立数据的横向流通机制，打造基于价值转移网络的全球数据共享交易场景。

2.区块链与人工智能

有人说，区块链和人工智能的结合是个伪命题。一方面，人工智能没有实现真正的"智能"；另一方面，区块链目前的技术限制使得区块链无法支持海量的数据上链。但是，提出这个观点的人并没有考虑到人工智能遇到的问题。人工智能跟人一样，要进行海量的学习才能做到智能，同时"学习资料"数据的质量直接决定了人工智能的学习效率和"学成"后的准确度，而目前良莠不齐、真假难测的数据质量只会让人工智能走更多的"弯路"。所以区块链和人工智能的结合可以帮助人工智能更加"体系"化和"专业"化地进行学习，这对于人工智能的效率提高具有很大的意义。

在人工智能(AI)领域，AI可以与区块链技术结合：一方面是从应用层面入手，两者各司其职，AI负责自动化的业务处理和智能化的决策，区块链负责在数据层提供可信数据；另一方面从数据层入手，两者可以互相渗透——区块链中的智能合约实际上也是一段实现某种算法的代码，既然是算法，那么AI就能够植入其中，使区块链智能合约更加智能。同时，将AI引擎训练模型结果和运行模型存放在区块链上，就能够确保模型不被篡改，降低了AI应用遭受攻击的风险。

3.区块链与云计算

在现阶段，受制于资金和人才的"瓶颈"，区块链关键技术的突破和实际的规模应用仍处于早期阶段。成熟的区块链开发仍是市场面临的关键问题之一。而云计算服务发展至今，其资源弹性伸缩、快速调整、低成本、高可靠性的特质已经成熟，并且被规模化地运用到了生产交易的各个流程中，可以帮助中小企业快速低成本地进行区块链开发部署。两项技术的融合，将加速区块链技术成熟，推动区块链从金融业向更多领域拓展。

4.区块链与5G技术

限制区块链性能的关键因素之一是各个节点网络带宽的不同，导致整个系统的记账效率永远向最差的"看齐"。当未来数据体量以指数形态增长时，带宽将成为限制区块链并发量和速度性能的关键因素之一。而作为比4G速度快了近百倍的5G，有望对区块链的底层性能提升起到质的作用。未来基于5G网络的区块链可以实现快速的记账同步，同时在区块链上数据的存储和读取速度也会更快。

5.区块链与物联网

当前的物联网生态依赖的是中心化网络管理架构，设备基本是通过云服务器链接。区块链不可更改的账本使其非常适合用于追踪货物。区块链为运输货物的公司提供了多种选择，还可以用来排列供应链上的项目。区块链提供了一种追踪数据的新方式。

在物联网发展的过程中，数据体量在不断增加，因此，设备的安全问题、数据安全和存储问题、系统兼容性问题，以及集成中台的可扩展性，成了限制物联网发展速度的关键问题。

对于设备安全问题，在区块链中可以通过不同物联网上链数据之间的钩稽关系来保证是否某个端口的数据被恶意修改，进而筛选出可能被"动过手脚"的物联网设备。

数据安全问题包括两个方面，一方面是数据在获取时是否被篡改；另一方面是数据存储的服务器安全问题。现在很多物联网设备虽然可以实时采集数据，但是都要通过人工的二次加工为标准化数据，通过表格或者ERP系统上传到系统中。而区块链通过加载去除冗杂和标准的数据格式，可以自动判别满足要求的数据，减少了中间环节，保证了数据的可靠。此外，还能通过分布式的数据库，降低数据存储的成本，增强数据存储的安全度。

针对系统兼容信息和可扩展性的问题，基于区块链的弱中心化系统将会提升中心化架构中的一个个数据孤岛的交互性，实现信息的横向流动和多方协同，提高链条的运作效率。

在世界排名靠前的物联网巨头中，除了美国参数技术公司（PTC）没有实质披露区块链相关项目以外，IBM、微软、亚马逊和SAP都在各自的云平台上提供区块链应用服务，为未来海量的物联网设备接入提供弹性资源池做了超前布局。

区块链与金融产业融合

1.独特的互信机制引领产业革新

金融行业的现状总是让人胆战心惊，之所以会出现这种情况，归根结底，还是因为有一些从业者不在法律的框架内行事，只考虑个人的利益，从而使公众和资本失去了信任感。获得信任可能需要五年、十年，但是信任崩盘却是在瞬间发生的。金融的本质就是一种信用经济，现在国家提倡的"金融科技"便是计划通过科技的手段来提高"骗子"的作恶成本，从而保护金融体系内来之不易的信任。而在众多的金融科技之中，区块链技术对于可信金融的建设有着极大的优势。金融风险都是出现在不信任的"中介环节"和"代理机构"中的，随着金融体系的复杂程度和专业程度越来越高，目前解决的方案之一便是将单边的信任转化为多边信任，但是建立多方联系和基本互信需要很长的时间成本，而区块链技术则可充当这一过程的加速器。应用区块链技术，可以实现多边金融"弱中心，强信任"的交互过程。

传统金融的秩序是靠法律、合约和契约精神维系的。但是在互联网金融时代，传统的交易场景变为线上化场景，很多交易都是"戴着面具"的交易。虽然这保护了用户的隐私，但是也给"骗子"提供了一身"变色龙"的伪装，他们通过假信息，可以肆无忌惮地在互联网金融世界游走，并且因为真假身份难辨，所以很难将其完全剥离在一个有序可信的交易环节中。区块链技术的出现，为这种"作恶易，维护难"的现象提供了一种基于技术的可信解决方案。在未来的价值互联网金融时代，所有的交易都是被记录在链的，每个人的现实信息和区块身份唯一对应，所有发生的行为必须通过私钥的授权才可以发生，并且所有的行为信息都会在区块链上留下痕迹，这就实现了交易信息的可验证、可追踪。这样就可以在有效保护用户隐私的同时，实现对于作恶者的留痕信用记录与"黑名单"惩罚。现在央行正在研究将我国居民的征信信息和DCEP区块链系统打通，实现信用的无死角覆盖。

2.国内各大银行应用区块链初见成效

前央行行长周小川介绍称，中国人民银行在3年多以前就组织了数字货币相关研讨会，随后又成立了研究所。2018年3月26日，中国人民银行发布成功建立区块链注册开放平台（ the Blockchain Registry Open Platform，BROP）。

中国工商银行软件开发中心区块链与生物识别创新实验室在2017年第四季度，推出工行首个自主可控的区块链1.0底层企业级联盟链平台。根据实验室人员的介绍，底层联盟链是针对金融场景定制化开发的具有高安全、高性能、高便捷、易扩展等特点的联盟链系统，提供了"智能合约+共享账本"一体化机制，有助于建立跨系统的技术平台，扁平化各系统的交互层级，提高效率。

中国建设银行则直接从应用层，率先落地了首笔国际保理区块链业务，成为国内首家将区块链技术应用于国际保理业务的银行，并在业内首度实现了由客户、保理商业银行等多方直接参与的"保理区块链生态圈"，成为建行全面打造"区块链+贸易金融"科技银行的一项重大突破。

3.区块链+供应链金融

区块链技术已在数字货币、支付清算、票据与供应链、信贷融资、金融交易、证券、保险、租赁等细分领域从理论探索走向实践应用。

在供应链金融上，区块链将分类账上的货物转移登记为交易，以确定与生产链管理相关的各参与方以及产品产地、日期、价格、质量和其他相关信息。

区块链上的数据是分布式的，每个节点都能获得所有的交易信息，一旦发现变更可通知全网，防止篡改。更重要的是，在共识算法的作用下，交易过程和清算过程是实时同步的，上家发起的记账，必须获得下家的数据认可才能完成交易。最后，交易过程完成了价值的转移，也就同时完成了资金清算，提高了资金结算、清算效率，大大降低了成本。

4.电商领域

基于区块链的共享信任体系，区块链上的所有参与者（买家、卖家和其他人）都处在一个共享的信任体，无论是谁出现问题，所有记录都可以查询。在区块链上所有的交易，都会在所有授权的参与者上保存账单记录。区块链上所有的人共同达成一个信任共识。所有的交易没有中介，都是点对点。如果对账本修改，那么所有的副本也会同步。每一个交易记录都可以查到。

此外，还可以利用区块链去中心化的管理优势，利用智能合约技术和分布式记账技术将大额资产拆分并分配给多方合作机构，丰富平台产品并供C端用户投资，从而达到多方共赢。

"区块链+"应用的更多可能性

1.数字身份信息

数字身份的普及，从互联网诞生的伊始就开始了。最早期，互联网的底层只有IP地址，没有账户和身份的模型，所以账户和身份完全依托于互联网的应用层来实现。我们看到互联网上最早的数字身份的模式就是"账号+密码"这个应用账户的模式，到今天它仍然是最广泛的使用模式。但是，我们每个人都有大量需要去记忆和管理的账号，这种模式已经出现了巨大的局限性，虽然像Facebook、微信这样的巨头企业，他们开始开放自己的身份体系，允许其他的应用方直接使用Facebook或微信的账户来登录，形成了现在所谓的联盟身份模式，但是这种模式下面身份授权和个人隐私问题的连续产生局限了联盟发展和体验的优化。区块链的出现，使得节点和账户实现了完全的分离。

举个例子，比如说我们用微信去进行投票，那么今天我们作为投票发起方是很难审查投票的过程的，我们投票人自己都没法去确认你自己投的票是否已经真实地被记录到投票的结果里面去，我们看到的是一个不得不相信的结果。但是，密码学技术开始融入了我们的数字身份体系，基于区块链价值体系的数字证书就可以构建与其真实身份对应的主体个人意志，并将意志进行真实的表达、链上传递、链上验证。时至今日，尽管我们还无法感受这种变化，但是区块链已经开始潜移默化地影响下一代数字身份的发展与变化。

在联盟链体系中，身份的管理将重新开始回归到主体对象，而数字身份将被主体自己所管理。另外，数字身份中的"身"和"份"将实现技术的隔离和使用的统一，主体标识和主体的属性将会从统一过渡到交互关系。主体属性的形成将会实现凭证的独立和可被验证，并更广泛用于用户可控的数字身份信息交互，这便是区块链带给数字身份的变化。

2.教育领域

在教育领域，区块链可以帮助有良好记录的学生获得更多的激励措施，为高校提供真实可靠的学生资源，实现学生技能与社会用人需求无缝衔接，有效促进学校和企业之间的合作；与面对面招聘的方式相配合，让线上的资源匹配环节更直接，更简单。

3.医疗健康领域

专业的医疗设备与个人的健康记录联系越来越密切，区块链可以让这些设备存储其在医疗区块链上生成的数据，并把数据附到人们的病历中。

4.公益慈善领域

在区块链上存储数据，可靠并且不能篡改，天然适合用于社会的公益场景，捐赠项目、募集明细、资金流向等都可以存放于区块链上面。

5.交通运输领域

交通运输链旨在结合互联网、物联网等传统网络技术，借助区块链技术多中心化、安全可信、智能合约等特性，连接交通运输产业中的政府、企业等行业主体和车辆、船舶等运输装备，以及道路、桥梁、场站等基础设施，构建现代交通网络。

6.企业服务领域

企业服务主要集中在底层区块链架设和基础设施搭建，为互联网及传统企业提供数据上链服务，包括溯源系统、BaaS（Blockchain as a service）平台、电子存证云服务等。与公有链不同，在企业级应用中，大家更关注区块链的管控、监管合规、性能、安全等因素。联盟链和私有链这种强管理的区块链部署模式，更适合企业在应用落地中使用，是企业级应用的主流技术方向。

7.社交领域

区块链分布式技术构建的平台，数据信息由用户自己控制，用户可以实现点对点交互，没有隐私泄露和网络宕机的担忧。同时，区块链技术改善了社交平台盘剥内容创作者收益的问题。用户也可以自行创建频道，获得内容创作的收益。

8.文娱传媒领域

区块链实现了多人大规模协同工作，让不同人的不同贡献可以聚合在一个平台上，为同一个目标努力，这一点很适合文娱行业的生产消费模式。文化行业有个天然优势——用户众多，用户和内容之间存在P2P（点对点或个人对个人）式交互需求。

9.硬件领域

主要是基于区块链技术开发出的硬件设备，硬件的基础功能对应的是Token（通证）的生产、流通和存储。目前，把挖矿功能添加在各类贴近生活场景的硬件设备、出于数字资产安全需求设计的存储加密货币的设备和区块链手机已经做出了尝试。

10.农业领域

利用区块链技术让消费者、种植户、采购商、批发商等都同步记账防止篡改，利用相互之间的利益不相容机制来制衡，从而保证数据的真实，避免利益趋同下的一致行动风险。

11.能源领域

在能源生产环节，传统的能源生产环节多为企业自主进行，大量的数据并不流通，数据的价值难以被发现。区块链技术可以将所有的数据上链，政府、企业、个人等可以根据需求查看数据，获取数据价值。

12.安全领域

区块链在安全领域可用于安全服务和监测服务、智能合约自动形式化验证平台服务，比如以区块链为基础的安全审计平台（包括底层链平台、智能合约、交易所平台、钱包、Dapp等）、资产追溯、隐私保护、安全咨询、威胁情报、安全防护等。

区块链应用的挑战和展望

区块链应用面临的挑战

现在从事或开展区块链业务的企业机构很多，但真正能够纯粹通过区块链业务盈利的企业却很少。区块链应用需要与场景深度融合才能发挥作用。迄今除了加密数字货币之外，区块链业务的盈利点没有特别明确。即便能盈利，项目的回本盈利周期也相对较长。

导致这个现象的一个重要原因在于现在很多区块链业务场景并不适用区块链技术。《经济观察报》此前曾报道，接触2000个区块链项目后发现实际落地率不足5%。需要明确的是，区块链不是万能的，不是所有场景都适合使用区块链。传统中心化解决方案和区块链解决方案各有千秋，要因地制宜，根据业务需求和场景特点选择适合的解决方案。

除社会公共服务外，适用区块链技术的商业化场景可能至少需要具备三项典型条件：在效率和信任公平中，更注重后者；需多方协作，且互相最好没有明确的隶属关系；参与各方不愿让渡或交易数据主权，也不愿无条件共享数据。

无论是主流的基础共识算法，还是跨链、侧链、分片、闪电网络等区块链拓展技术，又或者是DeFi等新型金融衍生生态，目前大都由国外企业或开发团队主导，中国在区块链基础设施和底层技术方面的竞争力方面还有很大的发展空间。我国在联盟链方面尝试较多，发展较公链也更加顺利，打造国产自主可控的联盟链已不再是空话。

目前，我国对区块链人才需求量与日俱增，也有许多人愿意投身于区块链的浪潮之中，但真正能满足区块链企业招聘需求的人才却很少。在区块链发展的早期，企业更愿意招聘无基础的人员进行培养。

随着越来越多的企业和机构，尤其是很多巨头纷纷布局，区块链赛道的竞争变得愈加激烈。企业现在更愿意招聘有相关基础或从业经验的人才，尤其是既懂技术又懂业务的复合型人才。区块链人才市场的供需失衡，也倒逼着区块链招聘逐渐趋于理性。

中国区块链人才匮乏的问题在研发人员方面表现得愈加明显。中国在区块链专利上领跑全球，但研发人员整体规模相对较小。据Forkest研究统计，2019年，中国区块链开发人员有5290人，仅为美国的1/9、印度的1/6、瑞士的1/3。技术研发人员的匮乏，也在某种程度上解释了中国在区块链基础设施和底层技术方面发展不足的原因。

区块链未来的展望

2019年10月24日，习近平总书记强调要构建区块链产业生态，加快区块链和人工智能、大数据、物联网等前沿信息技术的深度融合，推动集成创新和融合应用。区块链作为一种多学科交叉形成的组合性技术，与大数据、云计算、人工智能和物联网技术具有良好的融合基础。以"区块链+大数据"为例，区块链让大数据更真实精确，大数据则让区块链中的数据更有价值，互相促进，形成1+1>2的效果。所以，在政策加持和技术互补的情况下，区块链与大数据、云计算、人工智能和物联网等技术将结合得更加紧密。

5G作为新一代移动通信技术，具有高速率、低延时和海量接入等特性。随着5G商用、万物智联时代的到来，区块链和通信技术的关系也将从简单的相加变成相乘。5G将提升区块链网络的数据一致性，增强区块链网络安全，减少由于网络延迟带来的阻塞和分叉，改善区块链的可拓展性，推动区块链应用更快速落地和网络体系更深刻的变革。

随着我国对区块链技术的鼓励扶持力度的不断加大，地方政府频繁发布区块链规划并利用区块链技术对公共服务等领域进行改造，"区块链+政务"一度成为2019年下半年最热的应用场景。

在宏观环境不发生重大改变的前提下，国内及国外的区块链发展路径的差异也将愈加明显。中国由政策驱动、以联盟链为主的大格局不会改变，而欧美各国的区块链则会更多由市场驱动、以公有链底层技术为主，并且将有更多商业机构参与数字货币研发和商业模式探索。

2019年1月到10月，中国内地新增区块链企业8895家。自2019年10月24日之后，众多企业机构纷纷宣称布局区块链，区块链热潮再次掀起。随之而来的，是针对虚拟货币全产业的严厉监管。

区块链技术不能解决所有问题，也并不适用所有场景。经过2019年的准备，加上政策与监管的双重加持，将会有越来越多的企业机构更加理性地看待区块链技术，并积极发掘更多适用区块链的实际应用场景。

随着公链和联盟链发展和应用的趋于成熟，单一的区块链系统无法解决所有问题。而区块链的互操作性可以有效将区块链的可拓展性和效率大大提高。当所有区块链都连接互通时，将带来更多资本流动性和更好的用户体验，以及更多可能的应用场景。

2019年，区块链互操作性已经吸引了足够的关注，未来，我们很可能看到更多区块链系统的相互融合，跨链技术也有望进一步突破。

第六章

区块链+供应链金融

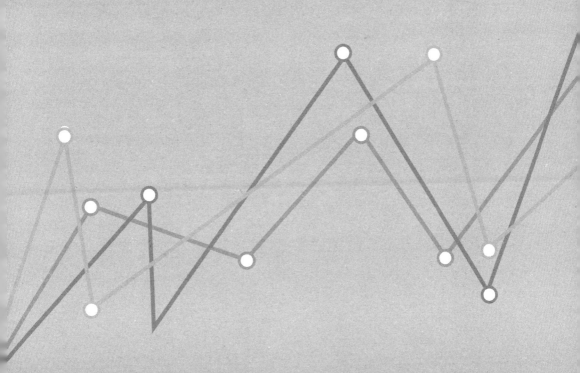

供应链金融的发展背景

政策环境

1.积极改善营商环境，关注缓解中小微企业融资难融资贵问题

党中央、国务院高度重视深化"放管服"改革、优化营商环境工作，近年来部署出台了一系列有针对性的政策措施，但我国营商环境仍存在一些短板和突出问题：企业负担仍需降低，小微企业融资难融资贵仍待缓解，投资和贸易便利化水平仍有待进一步提升。国办发〔2018〕104号文件指出，要采取多元措施，推动缓解中小微企业融资难融资贵问题。银保监会要抓紧制定出台鼓励银行业金融机构对民营企业加大信贷支持力度，不盲目停贷、压贷、抽贷、断贷的政策措施，防止对民营企业随意减少授信、抽贷断贷"一刀切"等做法；建立金融机构绩效考核与小微信贷投放挂钩的激励机制，修改完善尽职免责实施办法；严格限制向小微企业收取融资过程中的附加费用，降低融资成本。

2.供应链金融顺应新发展理念 政策导向性强

十九大报告指出，目前我国处于全面建成小康社会的决胜阶段，也是深化改革的关键阶段，深入贯彻习近平总书记系列重要讲话精神和治国理政新理念新思想新战略，要贯彻落实"创新、协调、绿色、开放、共享"的新发展理念，实现高质量发展。供应链金融高度契合我国高质量发展道路的理念原则和实践需要，具有创新、协同、共赢、开放、绿色等特征。供应链金融的规范发展，有利于拓宽中小微企业的融资渠道，确保资金流向实体经济；有利于加速产业融合、深化社会分工、提高集成创新能力，促进供需精准匹配和产业转型升级。

2017年10月13日，国务院出台国办发〔2017〕84号文件提出："到2020年，形成一批适合我国国情的供应链发展新技术和新模式，基本形成覆盖我国重点产业的智慧供应链体系。培育100家左右的全球供应链领先企业，重点产业的供应链竞争力进入世界前列，中国成为全球供应链创新与应用的重要中心。"

自文件发布以来，全国开展全面创新改革试验8个区域，在深化科技体制改革、提升自主创新能力、优化创新创业环境等方面进行了大胆探索，形成了一批支持创新的相关改革举措。国务院发布"支持创新相关改革举措推广清单"，将有关改革举措在全国推广，其中"以关联企业从产业链核心龙头企业获得的应收账款为质押的融资服务""面向中小企业的一站式投融资信息服务""贷款、保险、财政风险补偿捆绑的专利权质押融资服务"三项科技金融改革举措位居清单首位，作为深入贯彻落实创新、协调、绿色、开放、共享发展理念和推进供给侧结构性改革的重要抓手，得到了政策层面的高度肯定和大力支持。

3.智慧工业建设纳入"十三五"国家科技创新规划

"十三五"规划提出了构建具有国际竞争力的现代产业技术体系战略目标，要求在制造业领域，围绕建设制造强国，大力推进制造业向智能化、绿色化、服务化方向发展。发展网络协同制造技术，重点研究基于"互联网+"的创新设计、基于物联网的智能工厂，开展设计技术、可靠性技术、制造工艺、关键基础件、工业传感器、智能仪器仪表、基础数据库、工业试验平台等制造基础共性技术研发，提升制造基础能力。推动制造业信息化服务增效，加强制造装备及产品"数控一代"创新应用示范，提高制造业信息化和自动化水平，支撑传统制造业转型升级。

经济环境

1.总体经济形势向好，小微企业蓬勃发展

中国作为世界最大的发展中国家，长期保持着高速、大体量的经济增长，改革开放40年期间GDP规模扩大202倍，改革开放以来，逐步建立起初级了第二产业体系，工业在国民经济体系中向来具有支柱性地位。2019年工业增加值达317 109亿元同比增5.7%。我国在经济新常态之下，智慧化工业制造发展潜力巨大。据中国第三次经济普查数据，在区块链突出关涉的制造业领域，2019年1—11月中国制造业企业单位数为348 947个；其中小微企业数量占比超过九成，供应链不均衡现象

相当显著，存在大量投融资机构眼中尚待开发的"长尾客户"。

2.融资难、融资贵问题严重

我国银行业风险识别和控制的手段有限，对客户身份、行为、业务前景、财务状况、实际控制人及其关联交易的数据分析明显不足。由于银行对企业的贷款多采取抵押或担保方式，不仅手续繁杂，而且为寻求担保或抵押等，企业还要付出诸如担保费、抵押资产评估等相关费用。正规融资渠道的狭窄和阻塞使许多企业为求发展不得不从民间高利借贷，在市场竞争中处于不利地位。

民营企业对GDP、就业的贡献率分别达到51%和70%，但在社会融资中的占比估计只有33%左右，与其经济规模和对全社会的贡献明显不匹配。据中国财政科学研究所2019年组织的调查，迄今有五成以上的企业认为有融资难、融资贵问题的存在，大量企业因缺乏硬抵押、授信困难，陷入融资难、融资贵的困局。

社会环境

目前供应链金融发展的主要问题在于社会诚信度偏低。

1.供应链金融信用信息征集系统不完善

随着互联网的发展，社会诚信系统建设发展较快，也就是"硬件"发展速度较快，而"软件"建设仍显不足。如供应链金融业务开展所需要信用资料的收集不足，得不到有效归集，也缺乏信息准确的评估，信息的信度和效度得不到满足，信息共享程度不够。

2.供应链金融信用中介机构的建设不完善

在开展供应链金融业务时，因为供应链链条上中介机构的不完善等问题，贷款人不能对融资人信用等级做出准确的风险评估，导致了"慎贷"现象。另外，供应链金融中介机构服务缺乏行业标准，服务行为不规范，信息披露水平在各机构间参差不齐，非正规金融业务在膨胀。会计（审计）师事务所、信用等级评估公司、律师事务所、担保公司等中介机构，是供应链金融系统链条中不可或缺的组织，处于中等产业化经济体系，并在供应链金融服务中承担着重要角色，发挥着重要作用。同时，受利益的诱惑、权力的威慑和人情的影响，往往会出现不符合法律规范的事情，也使供应链金融的监控系统出现"真空地带"。

3.供应链金融惩罚机制不完善

当前，失信者获利，守信者吃亏的心理仍在影响着人们，影响着企业。比如，在供应链系统中，一些企业借助破产法的漏洞，以破产逃债，造成了商业银行的大量呆账坏账，恶意拖欠贷款的现象仍然存在，加剧了供应链金融风险。

技术环境

1.区块链技术应用日益成熟

以TCP/IP协议簇为基础的传统互联网技术解决了信息传输的效率问题，但没有解决信息的信任问题。在涉及多方主体协作的场景下，除了需要建设信息系统，保证数据信息的互联互通，还需建立中介机构以及额外的规章制度和措施以解决多方信任问题，这极大增加了各方沟通和协作成本。区块链技术本质上是一种分布式账本数据库，它通过链式结构验证和存储数据，通过分布式共识生成和更新数据，通过密码学保证数据传输和访问的安全。

2.区块链与大数据、物联网等技术融合发展供应链金融

区块链技术在供应链金融领域应用落地，解决了供应链金融领域包括信任难传递、多方沟通协作效率低等诸多问题，反映了区块链技术易于构建多方业务协作平台，主要体现在：一是区块链降低系统对接复杂性，跨系统间的数据交互统一在区块链账本层实现；二是资产上链有助于提高数字资产流动性，方便价值传输；三是区块链有助于保证数据信息在安全的情况下进行全流程监控；四是多方协作可信，使得跨主体间业务协作变得极为方便。区块链技术的特点，使得区块链技术在协作效率低下、数据信息需存证、需要多方记账等场景下，都有用武之地。

大数据、区块链、物联网等信息技术有助于有效深入洞察供应链金融参与主体的行为，解决资金和资产对应匹配的唯一性和真实性等问题，实现物流、商流、资金流和信息流的统一。大数据、区块链、物联网等信息技术正深入融合（见图6-1），推动供应链金融走向更加自动化和智能化的发展道路。

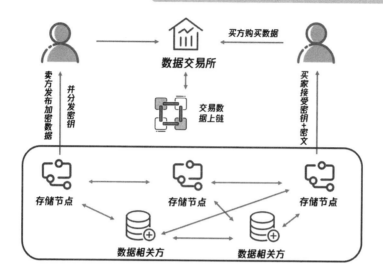

图 6-1　区块链和大数据的融合发展

3.智能合约技术将深入应用于供应链金融场景中

当前，"区块链+供应链金融"场景中，智能合约在应用深度上还有所欠缺。随着智能合约技术的成熟，其法律效用逐步得到社会认可，智能合约将深入应用于供应链金融场景中，如图6-2的嵌入区块链模型的供应链金融采购模型就有助于供应链金融业务中商品信息交互、合同协议履约的自动化完成。一方面，企业债权流转过程记录在链条上，通过智能合约的形式约定规则，使不同层级的供应商之间的债权可以拆分和流转，同时确保债权的真实性和不可篡改性。另一方面，通过将供应商之间约定结算规则写入智能合约，一旦执行条件满足，合约中的规则将会自动执行，从而实现交易方按约定的付款时间进行资金的自动化清算，这样就保障了还款来源，减少了人为交互和操作失误，提高了业务效率。

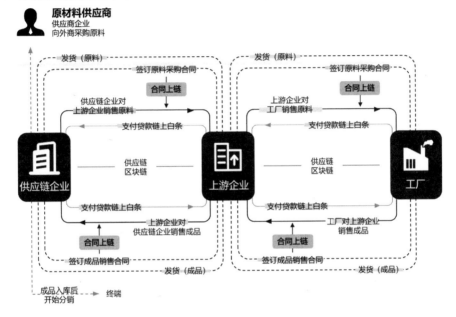

图 6-2　嵌入区块链模型的供应链金融采购模型

"区块链+供应链金融"的前景

中小微企业融资难，供应链金融市场空间广阔

中小企业贡献了50%以上的税收，60%以上的GDP，70%以上的技术创新，80%以上的城镇劳动就业，90%以上的企业数量。但在社会融资中的占比只有33%左右，这与其经济规模和对全社会的贡献明显不匹配，还有超过40%的小微企业的借款成本超过10%。据2013年博鳌亚洲论坛《小微企业融资发展报告》显示，信托计划的融资成本为16%~18%，P2P网贷平台的融资成本大约为20%，小贷公司的融资成本则在22%以上。融资成本高导致大量中小微企业陷入融资难困境。

供应链金融是解决中小企业融资难题的重要突破口，银行家调查问卷显示，中小企业贷款需求指数持续大于50%，这说明企业融资的需求持续存在，而银行贷款审批指数却持续低于50%。2018年，中小企业的融资需求已超过13万亿元，但只有1万亿元融资需求得以满足，处于供应链尾端的中小企业融资缺口近12万亿元，所以供应链金融有着广

阔的市场。

"互联网+大数据+区块链"，供应链金融进入3.0阶段

区块链技术不仅仅是一项技术变革，它最终会影响到供应链金融交易过程中合同、交易及其记录等多个方面，进而改变现在的商业模式。

目前，"供应链+大数据"已实现信息大量共享，但数据安全问题也逐渐显露。区块链供应链金融建立，将激发供应链金融的更多应用，促进供应链金融数据化、智慧化、安全化。

在最原始的供应链金融1.0版本中，供应链金融的模式被笼统称为"1+N"，银行根据核心企业"1"的信用支撑，以完成对一众中小微型企业"N"的融资授信支持。银行对存货数量的真实性难以把控，很难去核实重复抵押的行为，操作风险大。2.0版本的线上供应链金融，把传统的线下供应链金融搬到了线上，让核心企业"1"的数据和银行完成对接，从而让银行随时能获取核心企业和产业链上下游企业的仓储、付款等各种真实的经营信息。

在大数据及互联网的深度介入下，供应链金融形成"N+1+N"模式，由2.0阶段升级为3.0阶段（见图6-3），从线性节点进化为网状平台，集成运营、物流、信息等相关平台的功能机制，市场主体代替银行成为供应链金融产品和服务的主体。3.0阶段的供应链金融将有效解决产业链中信息沟通不畅、资金链经常性断裂、产能与金融配置缺位等问题，有助于构建经济转型中的新型金融生态圈。

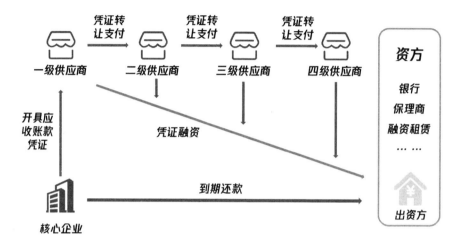

将企业应收账款转化为标准化数字资产凭证，在平台中实现应收账款的灵活流转、拆分和融资。

图6-3 供应链金融"N+1+N"的全新模式

影响市场规模的三个主要因素，在于核心企业的配合程度、对存货价值的准确度量和监控能力，以及基于供应链信息对小微企业综合授信风险定价能力。这三个因素既是行业规模的重要影响因素，也是市场参与者的关键能力，由于商业银行这个资金充裕的参与者在后两项能力上稍显薄弱，其他参与者的资金、杠杆率相对受限，所以应收账款融资是我国供应链金融的主要开展方式。

2016年2月，中国人民银行等八部委印发《关于金融支持工业稳增长调结构增效益的若干意见》，提出要大力发展应收账款融资。2017年5月，《小微企业应收账款融资专项行动工作方案（2017—2019年）》发布，方案指出，应收账款是小微企业重要的流动资产。发展应收账款融资，对于有效盘活企业存量资产，提高小微企业融资效率具有重要意义。

现阶段，我国工业企业应收账款规模已有一定体量，为供应链金融行业奠定了坚实基础。2017年年底，我国工业类企业应收账款余额达13.48万亿元，同比增长8.5%。2018年年底，工业企业应收账款余额达14.34万亿元，同比增长8.6%。截至2019年12月，我国工业类企业应收票据及应收账款余额为17.40万亿元，同比增长4.5%。

目前，我国供应链金融已经从初期的摸索阶段转入快速发展阶段，市场规模持续增长。据普华永道测算，从2017年到2020年，供应链市场规模增速在4.5%~5%，到2020年，中国供应链金融的产值将会达到约15万亿元人民币。

实践中的"区块链+供应链金融"

银行系——壹账通发布的"壹企链"智能供应链金融平台

受风险控制水平与征信体系的限制，过去银行融资业务主要聚焦于信用度高的大企业、国有企业，这导致中小企业融资水平与发展潜力严重不匹配，中小企业融资难问题日益突出。为开拓中小企业市场，传统银行企业凭借自身充足资金储备这一优势，将眼光瞄准供应链金融。我们选取平安集团下属金融公司壹账通发布的"壹企链"智能供应链金融平台进行比对分析。

"壹企链"以平安银行为依托，行业内具有一定的品牌效应，客户信任度高。相比于自偿性放款，"壹企链"资金源于银行客户存款，具有一定的优势。

"壹企链"具有强客户开发能力，将线下客户转移到线上平台，并借助金蝶ERP不断挖掘新客户。数据显示，截至目前，金融壹账通区块链已覆盖交易额超12万亿元、注册金融机构800余家，壹企银融资平台接入中小企业节点数近1.7万个。

企业系——蚂蚁区块链供应链金融平台

中国经济正经历深度调整期、面对实体经济一片萎缩之际，众多传统行业巨头抢滩"供应链金融"，包括海尔、格力、TCL、美的、联想、海航、新希望六和、富士康等企业纷纷布局供应链金融市场。其中，我们选取蚂蚁区块链进行比对分析。蚂蚁区块链主要应用在公益、民生，以及基于天猫生鲜的农副产品版块，而其金融板块业务目标客户主要为电商企业和个人。

得益于蚂蚁金服可以通过数据推理对企业进行间接监控、筛选陌生客户，打造"陌生人生意圈"，蚂蚁金服在区块链、云计算技术方面领先于银行系。同时依托其各大板块的互融互通，使得蚂蚁链在上链数据的原始"素质"上就较同行业更高一筹：主要体现在数据周期长、用户行为全面、数据冗杂度低和数据标准化程度高。

创业公司——链向科技供应链金融

广阔的市场前景与逐渐降低的市场壁垒催生了一系列区块链供应链创业公司，我们选取链向金融进行比对分析：

初期以核心企业为依托，吸收五大电商平台客户、链条核心企业、金融机构。

链向供应链将区块链技术嫁接到智慧工业系统之上，多维度监控企业数据，为企业提供多项指标，大大提升风险防范能力与信用评估能力，而链向供应链仅追踪资金流动情况，可能会低估或高估资产。

链向供应链应用物联网与区块链技术，记录物流仓储交易全过程，服务于供应链核心企业及其上下游中小企业、金融机构。

"区块链+供应链金融"的业务模式创新

供应链金融着眼于供应链上的中小企业，不仅扮演着企业金融服务、管理提升方案的服务商的角色，更是整个供应链金融生态的优化者。当数字经济成为风口，供应链金融需要根据财务协同经营的思路，使用工业物互联数据采集终端革新企业EPR系统，并利用专业的流程化工业算法模型，实现财务数据与业务数据勾稽关系的构建和生产、经营、交易、融资的多方面风险管控。区块链底层技术的关键，在于重构了供应链金融的应收账款链平台，保证了数据和交易的不可篡改性，同时利用智能合约防范违约风险。另外，还能给第三方金融机构（如银行、财务公司、投行）标准化输出动态额度模型及策略，隔离业务风险，解决中小企业融资难问题。

区块链带给供应链的革新在于从"抵押贷"到"信用贷"的转变，用数据为链上企业构建信用、降低融资成本的同时，为金融机构提供了贷前、贷中、贷后的风控解决方案。区块链的技术会进一步开发体系内的二级金融市场，方便相关企业推出各类金融工具，整合闲置资源，发挥最大效用。

"区块链+供应链金融"业财一体化，实现可信实时风控

区块链提供的供应链金融管理服务建立在对沉淀数据分析挖掘的基础上，将业务、财务要素协同植入业务流程数据、构建财务数据与业务数据的勾稽关系，这是本系统的核心功能与创新点所在。首先，多维的业务数据可以佐证财务数据的真实性，通过系统可以随时进行回溯检测；更精细的数据颗粒可以多层次分解财务要素，挖掘财务数据的纵深，生成融资申请时的"硬数据"，财务协同经营即可增加企业的受信能力；标准化输出动态额度模型及精准策略引擎，隔离业务风险，避免现有的过度授信模式，从而解决融资难问题。其次，通过接入自建的工业管理系统及金融服务平台，整合企业信息与供应链相关资源，可极大改善工业供应链的效率与生态。

利用区块链底层技术和算法模型库，可以实现财务数据和业务信息的严密勾稽。现金流量表与资产负债表之间的勾稽关系往往难以理齐，监督现金流量表成为大小企业的财务难点，面对种种未平的账单，企业甚至会根据资产负债表和利润表"配平"现金流量表。而现金流量表又是金融机构衡量企业金融活力、判断企业是不是优质的投资标的的第一张表。

业财一体化系统可以同时自动生成企业的财务报表和业务报告，从技术上实现实时化、在线化的管理需求：数据层层勾稽、同步产生、实时产生、完全一致；数据链形成闭环，能够满足企业精细化管理和多维度业务需求；数据颗粒度细，对构成企业毛利率的要素进行多层次分

解，最高可达9层，可以助力企业提高管理水平和企业绩效。同时，业财一体化系统使财务数据的回溯验证成为可能。针对表现提升的财务项目，可回到业务场景展开分析与验证，汲取优质生产经营经验；针对不符合常态水平的情况，可追根溯源找到问题根基所在，从而能在计划上、管理上、人事上、流程上进行调整，以优化生产。

另外，区块链对中小企业的优化管理功能还体现在系统的实时风控功能上。基于对设备、库存、能耗、单耗等数据的监控，形成生产经营环节的监控全景，包括对产量、库存、产销平衡的监控，从而应用到智能辅助决策。在产线、仓库、物流等场景中，如有刻画的数值超过设定值，系统就会报警，工人及领导层可以及时处理，在造成损失前消灭风险。

一方面，区块链可以将庞杂繁复的多源头数据，整合处理成对企业经营情况全貌的反映。实现这一功能需要分类算法、聚类算法、时序分析、关联分析、决策树等大数据通用算法，还需要构建流程制造领域专业的基本算法模型库。基于统计分析、深度学习等技术的支撑和应用，设计流程制造业大数据的分析和关联方法，提高数据分析结果的可信度。用可视化技术和工具进行多维分析、数据钻取与溯源和推理演绎，可视化展现分析结果。

另一方面，基于系统的标准化数据引擎，可在关系数据库中控制不同接入口的访问权限。通过权限设置，对不同岗位角色和相同岗位角色的不同管理层次进行权限分配，把整个公司的管理模式融入其中，基于工厂使用者不同的角色、不同的诉求、不同的难点与痛点分别给予相应功能的支持与赋能。

区块链赋能多渠道融资

在区块链供应链金融生态内，数据科学赋能下的业财一体化系统可以通过建立财务数据与业务数据的勾稽关系，检查偏差程度和波动率，妥善解决现金流量表的"记录难"问题，提供给投资方真实可信、有根有据的财务报表，也可以将之作为企业向银行申请贷款时的"硬数据"。

区块链金融服务功能，还包括自建的金融服务平台，旨在促进供应链上下游企业间通过信用凭证的短期赊销，向更广范围内的票据融资转化。由于大多数企业预期营业规模与现有资金规模不匹配，必须借助商业银行完成融资，但诸多风险测评关键因素，如与核心企业配合程度、存货价值的估计与生产过程监控、供应链信息等的不清晰，会导致信息不对称，使得投资方不能准确评估风险情况，最终导致融资成本的增加。由此，金融服务平台可通过提供详尽的风险评估信息，以及多种融资模式，解决中小企业融资难问题。

以深圳市融信链科技平台为例，该平台通过多维度数据挖掘实现供应链上企业风险测评的准确化、标准化，并以此发行标准形式的信用凭证。企业通过信用凭证接入平台，根据自身财务情况及具体业务内容发布不同形式的融资计划。对于风险厌恶的投资方，也可以通过购买服务，获得进入供应链金融服务平台的许可。意向投资方则可通过浏览各企业的业务财务信息，以及汇总的生产运行情况信息，进行贷前风险评估，选择合适企业进行投资，区块链上还会记录完备的贷后跟进服务。

投资方接入工业系统后，可以随时、同时、实时查看企业运营情况，监督工厂生产全貌。因此，区块链可实现助力链内企业增加受信的作用，并能够贯穿贷前评估、贷后跟进的全过程。最后，放贷借贷的对手方均需缴纳保证金，进一步降低双方的融资风险。

具体的融资方式则可根据企业自身情况及金融机构计划自行上线，如：发债企业可根据信用凭证额度、业务内容发行债券；也可将其多个业务进行打包，或牵头上下游企业发行联合债券，其票据可在平台自由转让。

企业或金融机构可自行发行信用违约互换（CDS）以对冲风险，实现供应链企业的风险去中心化及信用共识机制。

由于平台实行标准化智能合约与保证金制度，且工业供应链多以生产成品为主，即为发行远期合约创造客观环境，企业可通过套期保值为融资计划进一步分散风险。

此外，相关信息也会同时向供应链上各企业的投资方和意向投资方共享。真实可信的生产运行数据，与业财一体化产生的真实财务数据相结合，即能够客观准确地反映企业经营状态。由此，银行、社会投资机构等投资方，则能够对获得资金支持的企业进行有效的贷后风险监控，有效监督资金使用状况和效率，一定程度上避免呆账、坏账的发生。最终，供应链金融将形成物流、资金流、信息流的三网信息全面感知与规范集成综合分析体，每个业务项目都能将信息流传递给用户及投资方，随后回收资金流，并建立起物流，形成跑通的商业闭环。

第七章

区块链＋互联网医疗

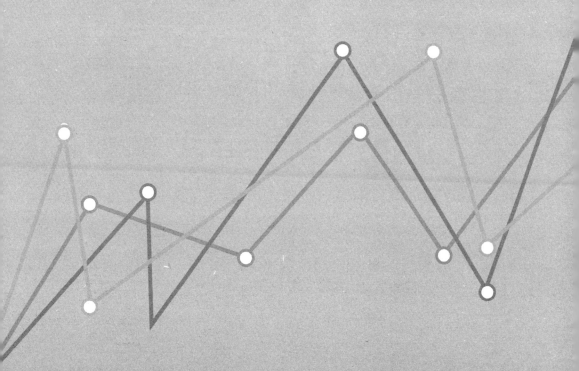

"区块链+互联网医疗"的背景

政策环境

随着区块链技术在应用层面的不断拓展，区块链从几年前的概念宣传，逐步过渡到服务实体经济的层面上来，2020 年也被行业称为区块链技术落地应用元年。国家鼓励探索研究区块链技术与实际应用场景结合，服务实体经济，工信部等政府部门也积极推动制定区块链技术标准的统一。

1.分级诊疗

自2009 年以来，共出台分级诊疗国家级政策124 条。2009年，中共中央、国务院发布的《关于深化医药卫生体制改革的意见》，首次从国家政策层面提出分级诊疗概念。2015年，国务院颁布《关于推进分级诊疗制度建设的指导意见》后，分级诊疗相关政策数量出现明显的增长，仅2016年，国家级政策的颁布量就达到52条。

2.区域化科学布局就医格局

2015年，《关于推进分级诊疗制度建设的指导意见》中提出，部署加快推进分级诊疗制度建设，形成科学有序就医格局，提高人民健康水平，进一步保障和改善民生。目前，地方结合上述文件要求开展了积极探索与实践。到2016年年底，全国已有超过20个省份出台了分级诊疗相关文件。

3.电子病历

基于国家政策和现实环境的需要，电子病历的实施和应用已经成了全国医院信息化建设的主题。2011年2月14日，卫生部副部长马晓伟在全国医疗管理会议上强调："要推进以电子病历为核心的医院信息化建设，加强医疗服务体系建设。"可见，电子病历的实施和应用已经成为我国医院信息化建设的基本内容和工作重点。

2011年1月4日，卫生部办公厅颁布了《电子病历系统功能规范（试行）》《电子病历基本架构与数据标准（试行）》等法律、法规。

2014 年，卫计委发布《电子病历基本数据集》等20项卫生行业标准。同年，又发布了《基于电子病历的医院信息平台技术规范》以及《基于居民健康档案的区域卫生信息平台技术规范》，明确了区域信息化建设的正式标准。这些政策的制定，加速推进了电子病历建设。

2016年4月21日，国务院办公厅印发了《深化医药卫生体制改革2016年重点工作任务》的通知，提出要推进卫生信息化建设，推动实现电子健康档案和电子病历的连续记录，以及不同级别、不同类别医疗机构间的信息授权使用，加强临床医学大数据应用发展工作。

为维护医患双方的合法权益，2017年4月1日，我国开始施行《电子病历应用管理规范（试行）》，电子病历的书写、存储、使用和封存等均需按相关规定进行。

国家政策对于电子病历的不断扶持，势必会增加社会资本在该领域的投入，将该领域的发展推向一个新的高度。

4.健康服务业

2017年6月，科技部、发展改革委、工业和信息化部、国家卫生计生委、体育总局、食品药品监管总局联合印发《"十三五"健康产业科技创新专项规划》。此规划将健康产业概括为三大产品和四大服务，即药品、医疗器械和大健康产品等三大产品，推进精准化、均等化、智慧化、一体化的新型医疗健康发展四大服务模式。

2016年是"十三五"规划的开局年，健康养老产业频获政策力挺，特别是10月25日，国务院印发的《"健康中国2030"规划纲要》表明"健康中国"已正式上升为国家发展战略。继互联网产业之后，大健康产业成为中国经济的新引擎，广受各方看好。

2017年2月21日，根据《"健康中国2030"规划纲要》《国家信息化发展战略纲要》《国务院促进大数据发展行动纲要》《国务院办公厅关于促进和规范健康医疗大数据应用发展的指导意见》《"十三五"国家信息化规划》《"十三五"卫生与健康规划》等文件精神，国家卫生计生委制定了《"十三五"全国人口健康信息化发展规划》。

2017年8月30日，李克强总理主持召开国务院常务会议，决定推广一批具备复制条件的支持创新改革举措，为创新发展营造更好环境；确定促进健康服务业发展的措施，满足群众需求，提高健康水平。

5.精准医疗

2016 年3 月8 日，科技部官网公布了《科技部关于发布国家重点研发计划精准医学研究等重点专项2016年度项目申报指南的通知》（简称《国家指南》），从此，精准医学无论是从应用方向、商业规划，还是技术开发都有了文件可循。

未来随着诊疗技术的进一步突破和医保支付水平的提高，精准医疗将应用至个体全生命周期的健康管理和辅助决策，行业龙头、细分领域的隐形冠军也将不断涌现。技术突破和结合场景的应用，将是新进入者的机会。比如，人工智能对大数据的处理能力将助力精准医疗的快速发展，通过AI、大数据和云计算等科技手段优化数据处理流程、提高数据化程度的企业，将在精准医疗领域占据一席之地。

电子病历也必将搭上精准医疗的快车，为精准医疗在各方领域的突破提供数据支撑。

经济环境

居民人均收入增长，医疗保健领域的消费支出增加。

国家统计局数据显示，2017 年，全国居民人均可支配收入为25 974 元，比上年增长9.0%，扣除价格因素，实际增长7.3%。其中，城镇居民人均可支配收入36 396元，增长8.3%（以下如无特别说明，均为同比名义增长），扣除价格因素，实际增长6.5%；农村居民人均可支配收入13

432元，增长8.6%，扣除价格因素，实际增长7.3%。全年全国居民人均可支配收入中位数22 408元，增长7.3%，中位数是平均数的86.3%。

1.GDP、人均GDP逐年上升

2017年，国民生产总值达82.71万亿元，相较于2016年增长率为6.7%，并且保持持续增长。而2016年人均GDP则为5.40万元/人，世界排名69位，相较2015年提高6.4%，且仍处于持续增长中。由此可见，中国的总体增长态势良好，人们的消费水平稳步上升。

2.医疗卫生支出占比低

相对于高收入国家7.7%的水平，我国医疗卫生支出仅占国民生产总值的5.6%，低于高收入和中高等收入国家水平。考虑到人口和消费的巨大基数，不难看到我国医疗服务市场在将来还有很大的上升空间，如果该占比能在2020年达到卫计委在《"健康中国2020"战略研究报告》中所提出的6.5%~7%的目标，我国卫生消费市场将达到6.2万亿~6.7万亿元的规模。

社会环境

1.国民健康意识正在增强

2017年12月16日，第二届中国家庭健康大会上发布了《中国家庭健康大数据报告（2017）》，这是国内首个关注家庭健康状况并利用大数据系统解读的年度报告。报告显示，积极预防的健康理念深入人心。93%被访者认为"积极的健康管理方案"因素对健康更为重要，而选择"更先进的医疗技术、设备、治疗方案"的仅为6.8%。

2.老龄人口比例逐年上升

我国老龄人口占总人口的比例逐年提高，从2004年的7.6%上升到2013年9.7%，已达到1.3亿人。老年人发病率高，疾病医治疗程长且常伴有并发症，此外老年人也大多患有慢性疾病，需要长期护理和用药，因此是医疗服务的高消费群体。人口的老龄化势必会导致对于医疗服务的需求的增加。

3.精准医学的社会发展前景良好

国家发改委印发的《"十三五"生物产业发展规划》的出台，对精准医疗的发展将有重要影响。早在科技部发布的国家重点研发计划中，就明确了将精准医疗列入国家重点研发计划。2015年2月，习近平主席批示科技部和国家卫生计生委，要求成立中国精准医疗战略专家组；3月，科技部召开了首次精准医学战略专家会议；4月，卫计委和科技部进一步完善精准医疗计划并提交国务院。国内医疗巨大的需求现状以及外基因测序技术的快速发展，使得具有针对性、高效性及预防性等特征的精准医疗迎来了发展机遇。医疗的新时代即将开启。

技术环境

移动互联网的高速发展，为大数据在医疗领域的推广提供了利好，区块链技术的产生在很大程度上解决了医疗健康领域的临床和财务数据共享中的技术难题。

区块链技术是互联网 TCP/IP底层协议的升级版，是构建未来网络空间基础设施的关键技术。从技术构成来看，区块链所构建的点对点的分布式结构，排除了任何影响协议公平的强制力因素，使得系统中所有节点处于对等地位。作为具有划时代意义的技术模式，医道链团队旨在借助区块链技术，应用于医疗行业，创建一个对医院、医生、患者、政府、医药企业等多方共赢的平台，从而推动新经济的发展和信用社会的形成。

行业环境

从2009年至今，区块链从比特币的底层技术发展到多领域应用，迎来了发展的热潮。

2017年，国务院在四份文件中提到区块链的重要性，另有浙江、江苏等9个省就区块链发布了指导意见，多个省份将区块链列入本省"十三五"战略发展规划。支持区块链的政策密集推出，对助力创新，以及国际和国内标准的出台和行业规范的形成有着重大意义，更有利于技术加速落地。2017年2月，央行推动的基于区块链的数字票据交易平台测试成功；2017年5月，工信部发布的《区块链参考架构》，作为区块链领域重要的基础性标准，对推进国内区块链应用具有重要作用。2017年，一直密切关注区块链技术、应用和产业化发展，积极采取有效措施推动国内区块链技术研发和应用探索等工作的工信部信软司参加可信区块链联盟成立大会，信软司还将继续加强与各方的协同互动，努力营造良好发展环境，促进区块链务实健康发展。

区块链本质上是一种分布式记账技术，能够确保数据不被篡改、损毁，适用于各种医疗场景。区块链能够在能源流通中建立去中心化的交易架构，解决医疗信息的共享和隐私问题，其不可篡改的特性将创造新的认证体系。我们可以通过区块链技术，建立互信共享机制，规范医疗行为，提高健康医疗服务效率和质量，推动健康医疗大数据应用新发展。除此之外，还能利用匿名性、去中心化等特征保护病人隐私。区块链智能合约在医疗行为的监管中也有着重大价值，出现非合规事件时，智能合约会自主跟踪合规情况，实时向相关方发送通知，有效去除检查环节，简化执行流程，降低监管成本。

目前，国内外许多医疗保健组织已采用区块链技术，应用程度已遥遥领先于金融行业。随着区块链在医疗领域的不断发展，未来，区块链技术将在临床试验记录、监管合规性和医疗、健康监控记录领域发挥出巨大的价值，也将会在健康管理、医疗设备数据记录、药物治疗、计费和理赔、不良事件安全性、医疗资产管理、医疗合同管理等方面发挥出强大的作用。

目前不少全球互联网巨头都顺应潮流，积极推进区块链的医疗应用。飞利浦医疗、Gem等医疗巨头和 Google、IBM 等科技巨头都在积极探索区块链技术的医疗应用。

2017年年初，FDA与IBM Waston Health合作，研究使用区块链技术共享健康数据，以改善公共健康状况；Google旗下的AI健康科技子公司Deep Mind Health，也宣布使用区块链，让医院、英国国家保健医疗系统（NHS，National Health Service)，甚至病人都能实时跟踪个人健康数据。除了互联网企业，区块链技术公司 Factom、BitHealth、BlockVerify、DNA.Bits、Bitfury 也参与其中。

区块链医疗行业的发展在国外较为迅速，原因在于国外区块链企业可以通过依托代币的经济价值流动方式来运营其生态体系。而在国内，受政策监管和认知维度的限制，很多有能力或者有资质从事"区块链+医疗"的公司团队暂时还没有进场布局区块链。

目前，国内在"互联网+医疗"方面做出尝试的是阿里巴巴。阿里健康在常州落地区块链，为常州医联体设计数字资产协议和数据分级体系，通过协议和证书，明确约定上下级医院和政府管理部门的访问和操作权限。最后，审计单位利用区块链防篡改、可追溯的技术特性，可以精准地定位医疗敏感数据的全程流转情况。

基于区块链技术，大型医院、基层医疗机构、卫生监管部门、可穿戴设备厂、医保和商保机构、药品生产企业及消费者个人等都能获得不同的技术价值，最终形成一个闭环的区块链医疗网络。这也是区块链技术的最终目的——实现医疗场景有价值信息的安全、便捷、可控的流动。

"区块链+医疗"应用状况

基于区块链的药品供应链

2018年3月，世界卫生组织发文称，区块链技术将扭转医药行业，打破传统壁垒，即区块链能有效打击假药，并优化药品供应链。医药行业每年因为假药和患者安全问题造成的损失高达2000亿美元。分布式账务技术可为药品供应链管理提供立法、后勤和病人安全性保障，区块链技术和结构功能非常契合药品供应链安全法案的核心要求。

在"区块链+药品公益链"的应用领域，DSCSA（美国药品供应链安全法案）构建了一个跨越10年时间的框架，内容包括药物可追溯性、产品验证以及利益相关方关于违禁药物的通报等，并实现分类信息共享。

Block Verify是一家基于区块链技术的防伪方案服务商，提供的服务包括：真伪验证，帮助专家验证产品真伪；正品保证，区块链能够为产品提供一个透明的环境，无须信任支撑；产品追踪，公司能够实时追踪产品并监视供应链。Block Verify能够鉴别的商品包括：伪造品、调换品、被偷商品、虚假交易。在医药行业中，能够通过药企供应链追踪来确保消费者收到的是正品。

基于区块链的医疗API[1]开发

Pokit Dok是美国一家提供医疗API服务的公司。2017年，该公司与Inter展开合作，使用Inter开源锯齿湖超级账本作为底层分类账，并使用Inter芯片处理区块链交易请求，推出Dokchain医疗区块链技术解决方案，开创了一个跨越医疗行业，运行于财务和临床数据事务处理的分布式网络。

通过和Inter的合作，Dokchain依托因特尔芯片作为处理交易的支持，依托Inter开源锯齿湖超级账本作为底层分类账，可以简化患者登记手续，自主处理健康保险，计算超出预算外的开支估计值，并简化各种医疗冗余流程，如医疗支付和报销等。

基于区块链的人工智能应用

利用数据挖掘、机器学习、自然语言处理等算法，大数据和区块链技术结合，应用于人工智能，也是区块链的一大应用领域。

2017年10月7日，由都埃克森尔科技创始团队联合国际开发者打

---

[1] API,应用程序编程接口，全称Application Programming Interface。

造的全球首个区块链可量化数据交易平台 SCRY.INFO（无域）正式落地。SCRY.INFO（無域）是全球首个区块链可量化数据交易平台，是将大数据和区块链技术结合，从而实现真实数据智能合约的存储、验证、共享、分析和交易。

在医疗领域，利用区块链为其数据集加上时间标记，通过人工智能分析处理大量医疗数据，可以为用户提供个性化的健康反馈。

美国的区块链创新公司搭载的新型区块链NLP平台，能让患者在任何时间都能够通过与人工智能对话，获得自己的健康信息，让患者直接与"机器人医生"面对面交流。区块链NLP平台包括提高对遗传数据的理解并为用户提供决策支持的机器人基因组学平台，可根据用户的年龄、性别和病史，回答400多个血液生物标志物问题的机器人血液学平台，以及使用最先进深度神经网络和优化技术，利用人脸来预测包括身高、体重和性别在内的各种解剖特征的机器人解剖学平台。

当前医疗领域的痛点

现代医疗的痛点

从2000年开始，中国医院开始进行如火如荼的信息化改革，从医疗信息化1.0时代的代表"电子病历卡"的上线，到2.0时代医疗信息体系内HIS（医院信息系统，Hospital Information System）系统的全面普及，再到3.0时代开始应用区块链技术进行可信医疗的探索，医疗信息化的发展与我国让老百姓"买得起药、看得起病""提升患者幸福感"和"缓和医患关系"等社会焦点都密切相关。但是目前医疗信息系统仍然存在很多因为快速发展带来的割裂，打破医疗信息孤岛依然道阻且艰，我们需要探讨的是医疗信息化3.0时代，区块链在其中发挥的作用和扮演的角色。

1.数据孤岛现象

目前，发展中国家医疗信息普遍处于离散的"数据孤岛"状态。调查显示，以中国、印度、巴西等为代表的发展中国家，虽然医疗数据的信息化程度在不断提高，但信息流通仍处于较低水平。以中国大陆地区为例，在过去的30年，数据的信息化水平得到了巨大的发展，70%以上的医院实现了医疗信息化。但由于缺乏统一的信息标准，信息流通的参与方缺乏信任，同时考虑到数据的敏感性，仅有不到3%的医院实现了数据的互联互通。解决医疗数据孤岛的问题，对于发展中国家来说，已经刻不容缓。

2.医疗数据中心化存储风险

将医疗信息集中存储在中心化的机构服务器上，是当前医疗数据存储的主要方式。中心化的存储方式极易带来安全隐患。

医疗数据泄露的社会危害正愈演愈烈。HEIMDA公司公布的《2016年中回顾：2016 年网络安全威胁分析报告》中指出，在全球范围内，医疗行业是该年度被勒索软件攻击最多的行业，其中第二季的占比达到了88%。据黑客公司Skyscraper透露，暗网上有超过50万份儿童病例可供下载。根据英国《卫报》2017年2月27日的调查，英国国家保健医疗系统丢失了50万份的医疗资料。医疗数据的大规模泄露事件正呈现出不断增加的趋势。

同时，由于医疗数据的特殊性，在数据的存储和维护方面，也存在安全隐患。医疗数据产生速度和访问速度快，使用频率较低、储存周期极长，对可靠性要求极高。高频次、长周期、强安全性的数据存储要求，对中心化的医疗数据存储方式提出了极高的挑战，任何人为失误、黑客攻击、机器故障都有可能对数据安全造成灾难性后果。

3.隐私保护与授权使用不明晰

医疗数据所产生的权利——信息权，属于物权的一种。物权包括占有权、使用权、收益权和处分权，即医疗大数据的所有者应当享有对其信息的排他的占有权；享有自行使用或许可他人使用的使用权；享有因自行使用或许可他人而产生的收益权；享有将数据转让给他人或抛弃的处分权。但在中心化存储的现状下，医疗数据的使用未得到所有者的赋权。大量个人隐私掌握在中心化的机构中，由机构授权第三方使用，这种数据存储和使用的方式显然具有法律瑕疵。医疗机构也可能因为数据使用涉及法律风险，而尽量避免数据流通，从而造成浪费。

4.监管困难

对医疗数据存储和使用的监管是各国政府面临的难题。一方面，由于医疗数据的存储呈分散的信息孤岛状态，监管需要中央及地方行政执法、信息化、医疗卫生等多部门的配合；另一方面，由于技术限制，对数据的泄露、篡改行为无法形成长期有效的监控，更无法做出合理的处罚。"作恶易而监管难"也是黑客和部分中心化机构选择窃取医疗数据牟利的原因之一。

4.传统电子病历模式的不足

在医疗产业向信息化、智能化转型的过程中，电子病历逐步取代传统病历成为大势所趋。电子病历具有容量大、成本低，储存、查阅方便，不易丢失，时效性强，方便资料共享等优点，正好弥补了传统纸质病历容易丢失、纸张容易老化、院方存储不便、容量有限等缺点。

但是，一般概念上的电子病历又存在各种各样的不足：

（1）电子病历不利于保护患者的隐私。传统的门诊纸质病历一般由患者自己保管，别人较难获取其中的隐私信息。即使是住院病历，由于是统一放置，而且资料共享和查阅都没有电子病历容易，所以，相对而言，纸质病历对保护患者隐私更具优势。电子病历一旦在权限设置或使用上有缺陷或漏洞，就会让不法分子有机可乘，获取患者的隐私。

（2）缺乏第三方监督。电子病历无疑拥有诸多传统的病历无法比拟的优点，但也存在缺乏第三方平台监督的问题。不少民众对于目前电子病历仍主要由医疗机构负责创建、使用和保存的现状表示担忧，如果出现医患纠纷，拥有电子病历的医疗机构如果在电脑上进行修改，患者的权益将难以得到保障。

（3）医疗病历所有权的归属矛盾日益凸显。医疗病历中的数据产生于患者，所产生的消费也由患者埋单，然而在我国，目前医疗数据的所有权和使用权并不归患者所有，而是归患者就诊的医院和医生共同所有。数据在流通中产生的收益被中心机构完全获取，数据产生者（患者或用户）反而没有获得收益。数据保有机构在未经患者同意情况下进行研究或者用于商业用途因而获益的情况时有发生，导致医疗病历所有权的归属矛盾日益突出。

区块链+电子病历，现代医疗的新纪元

基于区块链的电子病历系统

在中国乃至世界医疗领域，医疗数据的安全性、合法性、隐私性等问题严重阻碍了医疗数据的大规模收集。由于数据权属、隐私、法律等的限制，医疗数据的"数据孤岛"现象成为阻碍医院功能实现、患者就医便利化和医疗健康科学发展的关键因素。

医疗领域"数据孤岛"现象导致患者在每家医院独立建立病历档案，重复做各种检查，浪费时间、金钱以及医疗资源。医疗数据存放在各联盟医院的数据中心，无法被更好地分析管理，若数据中心发生自然灾害、黑客入侵等，存放的电子病历可能会彻底丢失。另外，患者的就诊卡保存不便，医生查询用户病历也较烦琐。

基于区块链的电子病历平台，从技术和商业模式上为医疗信息领域带来了革新性的突破。区块链是涉及分布式数据存储、点对点传输、共识机制、加密算法等计算机技术的新型应用模式，本质上是一个去中心化的数据库。区块链电子病历系统前端将患者在医联体内医院一次就诊产生的病历数据存储在分布式存储系统上，并将生成的哈希值上到底层公链，系统的底层公链是一串使用密码学方法相关联产生的数据块，具有分布式、不可篡改、按合约执行、可追溯、私密性强的特性。

区块链电子病历系统可解决医疗数据在存储和互通过程中的安全性、可靠性、防篡改、授权、隐私性、流通性等问题，为医疗大数据的存储与有效利用提供解决方案，为每一位中国人提供属于自己的电子健康档案。

电子病历是病人在医院诊断治疗全过程的原始记录，包含病程记录、检查检验结果、医嘱、手术记录、护理记录等。电子病历（EMR，Electronic Medical Record）不仅记录了静态病历信息，还记录了医院提供的相关医疗服务。电子病历是以电子化方式管理的有关个人终生健康状态和医疗保健行为的信息，涉及病人信息的采集、存储、传输、处理和利用的所有过程。美国国立医学研究所将其定义为：EMR是基于一个特定系统的电子化病人记录，该系统提供用户访问完整准确的数据、警示、提示和临床决策支持系统的能力。

区块链电子病历系统是用户与医院、医院与医院的沟通媒介，它采用当前大型医院普遍使用的病历格式，方便患者提取并查看自己的身体健康信息，还能在存储和传输的过程中，最大限度地确保完整性和安全性。

医联体区块链网络

在区块链电子病历系统中，节点为医联体内各级医院，医联体区块链网络能够解决电子病历各个系统信息综合呈现、数据格式统一、数据存储等技术问题，从而实现节点之间电子病历互联互通、即时查看。

医联体区块链网络构建的目标是将整个医联体网络上的医院作为区块链的每个节点，构成整个由区块链形成的网络。在这些节点上存储的是各个医院的信息以及各个医院患者的病历系统，最终实现信息互通和电子病历快捷访问的功能。

医联体各个联盟医院之间信息互通的好处是显而易见的：患者在一家医院建立的电子病历，可以在全联盟中通用。除此之外，还能打通各个医疗机构之间的数据壁垒，使得转诊、检查检验报告、医嘱、个人健康档案等能够安全、快速地在医联体内医疗机构之间形成共享，避免重复检查、重复治疗。

医联体区块链能优化医疗环境，方便医联体用户，改善整个医联体平台医疗资源的使用，形成一个高效的医疗生态圈，最终实现真正的"紧密型医联体"。

区块链+大数据+医疗信息增值

基于区块链的电子病历系统会产生大量的数据，电子病历系统自身存储的是用户的就诊、健康、手术、用药等数据，具有巨大的价值。区块链上拥有多个节点，每个医院节点又含有大量的用户，在以每个用户为个体的使用过程中会产生大量数据，这些数据虽然看似毫无关联，但是运用数据挖掘等技术，可以获得更多规律，从而进行相关的决策调整。

如前所述，医院仍然是公认的信息孤岛，医疗信息是真正的数据冰山。合理合法地利用医疗数据是亟待解决的问题。HUB（多端口的转发器）系统中的数据经过信息整理，第三方数据使用者可以查询数据全貌，而不能查询单个个体的具体数据。使用DAAS（数据即服务）构建基于区块链的电子病历系统的数据仓库以及配套的大数据系统，会记载每次查询记录，有效避免了患者身份泄露的风险，同时为大数据使用者节省了开发成本。

区块链赋能现代医疗的多种场景

1.应用于医院及医疗机构

通过智能合约向医院提供信息的审计、患者治疗效果追踪、供应链安全管理等功能。传统的医院之间是孤立的，虽然能保护医院个体的信息安全以及一部分机密信息，但是也阻碍了一部分信息和技术的交流，长远来看，也不利于医疗事业的发展。医疗行业是与人类生活息息相关的行业，医疗事业的发展，需要每一代人大力推动。

在华西妇幼医联体各级医院中，已全面部署了HUB系统。患者转诊时，不同医院的医生能够通过区块链方便地查询患者完整的电子病历，真正实现医联体内病历信息互联互通，实现医联体紧密协作。HUB系统具有良好的本地化友好性，项目组可以通过开发相关中间件，应用人工智能NLP技术等进行数据清洗，从而兼容不同的数据格式，适配不同的电子病历系统。不同医院的医师能够通过本产品方便地查询患者全生命周期健康档案。患者的病历可作为主键进行流通。在患者需要转院和会诊时，基于区块链的电子病历系统，也能提供更强大和更全面的支持。

区块链电子病历系统有效地保护了各项核心信息，只对医联体内的医院开放，在各方允许的条件下交流互通。这加快了医联体内医院间的交流，在较大程度上推动了医疗事业的发展。

2.应用于患者健康档案

个人健康档案记录了每个人从出生到死亡的所有生命体征的变化，是与健康相关的一切行为与事件的档案。

之前，当患者进行就诊时，需要提供纸质病历或者就诊卡，医生再通过纸质的病历本或者就诊卡号，用HIS系统（医院信息系统）查询患者病历。对患者身份识别使用的是第三方介质，具有容易丢失、容易损坏、容易冒用身份等弊端。现在，生物识别技术已经十分成熟，HUB系统将推广生物信息身份识别（就诊卡），利用患者的生物信息，如指纹、虹膜、面部特征等作为"就诊卡"，配合安全的区块链网络，共同推进医疗信息安全改革。

在患者就诊时，患者可以使用自己的公钥、私钥登录电子病历系统查看病史信息、病程记录、检查检验结果、医嘱、手术记录、诊断结果以及其他医学影像等。在紧急状态下（如患者昏迷时），HUB系统则可以通过生物密钥确认患者身份，及时调取查看过往病史。

在华西妇幼医联体电子病历系统中，每个患者的个人健康档案，都已进行了全方位的数据存储。患者出院后的随访数据（包括自测数据、康复机构数据、诊疗数据、家庭医生诊疗数据）也将记录在HUB系统中，这可以帮助医生全面了解病人病情，从而提高诊疗水平。HUB系统具备完善的API接口，开发者可以在此基础上开发个人健康管理应用。

值得注意的是，华西妇幼医联体还可以记录新生儿的出生记录。区块链技术的应用，使得出生记录无法篡改，为公安部门提供公民身份认证服务。

3.应用于医疗保险机构

医疗保险存在手续复杂、效率低、理赔慢等问题，此外，骗保事件也层出不穷。

面对目前保险业大量的不合规记录以及数据伪造篡改的问题，只有利用区块链不可篡改的特性才能建立一个审计成本低、安全可靠的数据平台。通过智能合约对电子保单的全过程化监管，可以极大规范医疗保险行业，降低管理难度。

可以利用HUB提供医疗数据验证服务。当患者的私钥匹配成功后，保险机构可以查询授权范围内的患者病例信息，并以此为理赔提供数据依据，极大地降低骗保概率。当HUB中患者的病历数据满足理赔条件后，即可自动理赔，无须患者东奔西跑，这也会极大地提高保险的理赔效率。理赔难度降低了，民众对于医保的参与度也会提升。此时，通过对大量医疗数据进行分析优化，医保公司还可以洞察民众的保险需求，从而更好地设计保险项目。

4.应用于医药产品研发

无论是医学科学家的科研还是医药厂商的产品研发，都需要大量真实有效的医疗数据。目前，科学家和医药厂商获取医疗数据的来源通过随机访问的方式从接诊病人处获得访接诊病人，还存在招募志愿者，存在效率低下、失访率高、数据有限等问题。多中心临床研究则需要完善的组织、训练有素的研究人员，这在无形中增加了研究的难度。利用区块链技术可以打造成熟的医疗数据交易市场，提高医学科研的效率。参与者可以审计科研机构对于数据的利用，鼓励创新型科技公司来研究低成本的药品和治疗方案，在一定程度降低医药研发成本。

5.应用于科研机构

新发传染病已成为公共卫生领域的严峻挑战。利用新的技术和方法进行疾病发现、追踪、报告，提高响应速度的需求也应运而生。2009年，Google 比美国疾病控制与预防中心提前 1~2 周预测流感的暴发，就是基于区块链的技术。卫生监管机构可以通过区块链技术进行大数据检索和收集，从而向民众提供更加精准的信息，提前做好传染病暴发的预警。

科研机构对传染病等疾病的研究，需要大量真实有效的临床数据，使用大数据分析等技术分析脱敏后的患者数据，从而生成有效的临床数据分析报告、传染病预测报告，将有助于科研机构开展疾病研究、精准预防与治疗等工作。

6.应用于政府医保控费

区块链电子病历的应用推动了医保监管和控费审核模式的改革。通过大数据对病历记录进行分析调研，有利于国家从宏观层面进行管控。国家医疗保险部门可以通过医疗大数据分析，做到医保精准控费，实现各地医保基金的统筹管理。相信完善的电子病历体系建成后，可大大促进医联体建设，加速分级诊疗制度的确立，给国家带来巨大的社会与经济价值。

"区块链+医疗"的具体实践

目前，医疗数据安全和患者隐私保障仍是医疗行业的核心问题。区块链因其高冗余、无法篡改、低成本和能进行多签名复杂权限的管理能力，成为医疗数据保管的最佳方案。

政府应用

2017年8月，美国伊利诺伊州政府与Hashed Healthcare公司合作开展了一项基于分布式账本和区块链技术的医疗试点项目。该项目将优化医疗证书数据和智能合同的共享，帮助实现伊利诺伊州和州际相关许可工作流程的自动化。伊利诺伊州一直致力于推动分布式账本技术。通过该试点项目，他们将提出解决当前实际问题的有效方案。该项目所使用的区块链框架可以通过安全、可验证和可扩展的方式识别医疗服务供应商。资质认证机构能够查看和认证，医疗服务供应商可以验证和维护单个记录，所有的参与者都可以相信该中心的记录是有效的、经过认证且唯一的。

"区块链和分布式账本技术可以为公共和私人服务带来革命性的变化，从数据透明度和信任的角度，重新界定政府与公民的关系，进而为伊利诺伊州数字化转型做出重要贡献。" Hashed Healthcare的首席执行 John Bass表示。

企业级医疗区块链

2017年9月，Change Healthcare公司宣布推出首个用于企业级医疗保健的区块链解决方案。这个新的区块链解决方案将使消费者和服务供应商提高收入循环效率，改进实时分析效果，削减成本并改进服务。Change Healthcare将采用由Linux基金会发起的开源区块链架构 Hyperledger Fabric 1.0来创建分布式账本，从而使付款人和供应商的理赔处理和安全支付交易更加高效。作为美国最大的独立医疗IT公司之一，Change Healthcare为客户提供全方位的医疗服务，使用智能医疗网络处理了120亿次与医疗相关的交易，每年处理的索赔超过两万亿美元。Change Healthcare首次引入区块链技术来创建分布式账本，使所有医疗保健利益相关者，都能够更高效地处理索赔和进行安全的支付交易。这项技术，将帮助众多的企业级医疗保健机构解决众多理赔和支付问题，提高医疗服务水平和理赔效率。

电子病历应用

目前，电子病历面临着数据泄露、可扩展性、操作性和数据集成等问题。此外，由于用户对电子病历的了解不够，使得有些不法公司在个人医疗记录的销售和交易中牟取暴利。

2017年11月，Health Wizz宣布推出了一款移动平台，利用区块链、移动技术和数据管理技术，帮助患者整理病历数据，让患者可以随时随地安全访问自己的数据库。此外，一些特定的组织可以使用加密货币来激励患者为医疗研究贡献自己的健康数据。这种货币是Health Wizz发行的数字以太币OmCoin，它允许用户通过区块链安全可靠地交换自己的健康信息。Health Wizz移动平台利用区块链技术为消费者提供所需的工具，使包括研究机构和制药公司在内的利益相关者共同汇集、管理和共享医疗数据，同时确保数据的完整性，保护患者的隐私，真正做到了把患者医疗保健信息的所有权还给患者自己。

"区块链+医疗"的行业前景与风险

目前，我国区块链应用呈现多元化发展趋势，主要包括供应链金融、贸易金融、征信、交易清算、保险、证券等金融领域，以及商品溯源、版权保护与交易、大数据交易、工业、能源、医疗、物联网等实体产业领域。2018年5月20日，工信部信息中心发布《2018中国区块链产业白皮书》，深入分析我国区块链技术在金融领域和实体经济的应用落地情况，这是国内第一份官方发布的区块链产业白皮书。

随着国家对区块链技术的政策扶持力度的加大，从2018年之后的5~10年，将能通过区块链帮助患者和医护人员进行数据交换，这可以从根本上改变提供医疗服务的方式，使相关方可以随时调取患者的健康数据，为新的治疗方法打开大门，并为患者提供新的护理模式和更好的治疗方案。

越来越多的人看好区块链，对区块链的了解也在不断加深，据《2018中国区块链（非金融）领域应用调查报告》数据显示，区块链不可篡改（85.71%）和分布式存储（83.46%）的两个特点被人们认为是区块链颠覆性革命的原因。智能合约也被人们认为是区块链的核心技术之一。

在区块链的应用领域，区块链医疗对于数据信息真伪辨别的需求较大，因此，人们对于区块链医疗在对自身状态、医疗信息和药品信息方面都有很乐观的预期。

区块链医疗应用与区块链政府应用、物流应用共同位列创造价值前三位（见图7-1）。

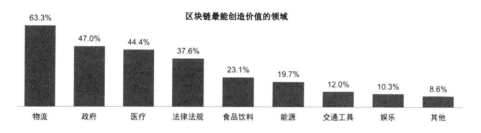

数据来源：《普华永道：2018中国区块链（非金融）领域应用调查报告》

图 7-1 区块链最能创造价值的领域

虽然目前区块链技术发展十分迅速，但传统区块链技术要落地到医疗应用，仍有比较多的问题，总结到区块链本身，主要为三个方面：交易性能、隐私保护、监管缺失。

交易性能方面：对于医疗应用来讲，因为部分医疗数据本身的容量较大（如医疗影像数据），并且医疗数据整体的吞吐量和时延是医疗行业非常关心的性能指标，该指标也和患者的就医质量和就医体验密切相关。而影响区块链的交易性能的几个主要环节是广播通信、信息加解密、共识机制、交易验证机制等。就可能存在的数据交换缓慢问题，我们分别应用最有效的技术手段（如指定节点机器的物理配置和节点数量，采用ECDSA、SCHNORR 和SHA-256算法，继续完善发展DPoS 或PBFT的共识机制）对我们的平台加以完善，以力求解决问题。

隐私方面：因为在区块链公有链中，每一个参与者都能够获得完整的数据备份，所有交易数据都是公开和透明的，这是区块链的优势。但另一方面，对于很多区块链应用方来说，这个特点又是致命的。因为很多时候，不仅仅是用户本身希望他的账户隐私和交易信息被保护，医疗机构和患者也不希望与医疗本身不相关的个人信息被公开分享。因此，我们希望通过联合使用混币、环签名、同态加密、零知识证明等几种方式，以求对用户的隐私进行最大程度的保障。

第八章

区块链+数字版权

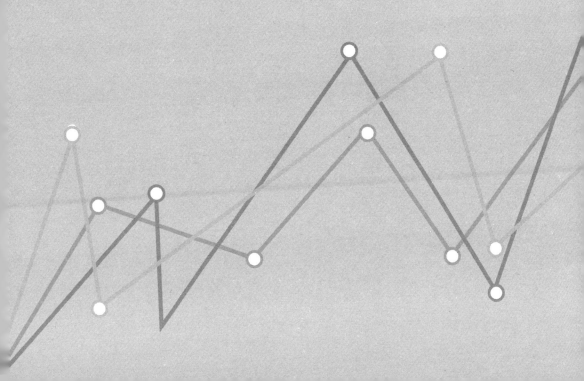

版权保护，刻不容缓

2018年5月23日，自媒体账号"差评"宣布获得由腾讯TOPIC基金（腾讯兴趣内容基金，全称为Tencent Open Platform Interest-based Content Fund）领投的3000万人民币A轮融资，引发"差评洗稿事件"。"差评"作为一家在圈内因"洗稿"而备受争议的自媒体，顺风顺水差一点得到了腾讯的投资。

无独有偶，2019年，春节影片《流浪地球》以58.4亿元票房领跑春节档，在欢喜之余业内从业者却给出了另一番数据：2019年春节档较2018年春节档增长不到1亿元。在许多电影行业从业者看来，春节档票房增势放缓，与盗版资源的泛滥直接相关。

相信各位经常在互联网冲浪的小伙伴对于"枪版"影片一定不陌生，很多电影盗版者已经做到了"上映即上线，三天1080P，一周高清蓝光"的速度。据《流浪地球》制片人龚格尔透露，截至大年初五，全部春节档影片的网络盗版播放量，仅保守估计就达到了2000万次。如果按照40元每张的票价计算，春节档电影发行方在影片上映5天内就损失了8亿元票房。

疯狂的盗版行为促使国家版权局展开了打击行动。与依靠盗摄、片源流出等形式的盗版院线电影不同，互联网时代的数字版权作品复制成本更低，更容易遭遇侵权。而围绕数字版权作品的保护，更是未来版权保护工作中的重点与难点。

科技的日新月异，让信息的传递更加高效快捷，保真度也不断提高，甚至接近完美。而版权也从传统意义上的出版权、著作权、公开发行权等过渡到了数字版权时代，数字唱片、数字电影和电子书都是以数字版权为载体。伴随着移动互联网的兴起，短视频的爆发，微版权成了数字版权的第二市场。版权载体的变化之快和数字版权的保护之慢形成了鲜明的对比，数字版权的保护已经成为社会关注的焦点问题。正如清华经管学院在研究中指出的，"追随技术进步的步履，不断调整版权保护与版权限制之间的动态平衡是所有技术应用和相关立法的基础，也是当务之急"。

伴随着自媒体时代的到来和创作工具的丰富便捷，作品的产生周期更短，数量更多，现象级的产品也是隔三岔五地换。虽然这些先进的生产力工具加大了生产与传播的速度，但是从根本上它并没有改变传播链条的关系。过去的侵权行为在先进技术的催化下变得更加疯狂，作品的复制与传播成本日益低廉，复制质量完美无缺，无处不在的私人复制严重损害了版权人的利益，在一定程度上触动了版权体系的传统平衡，传统的版权保护面临确权复杂、举证困难和维权成本高昂等问题。人们一直在寻找一种新的技术来适应快速发展的生产力，直到区块链横空出世。

区块链的时间戳可以保证链上作品的时序性，分布式的存储保证了作品的存续性，社区化的治理让作品的曝光更加公平，智能合约的应用使得作品的确权、交易流转更加智能便捷。区别于传统的权属责任关系，数字版权时代需要可分片的版权保护。作者在区块链上可以实现所有权、使用权以及收益权的分离与灵活应用。天然嵌合金融属性的区块链也可以为整个版权交易生态带来更多社会资本。互联网法院的诞生，也让区块链存证和区块链版权在侵权保护和司法追溯上更具成本优势。

但是，当前区块链技术版权领域的应用仍处于探索阶段，在安全和效率上也还有待提高。区块链作为版权领域的技术新贵，仍然需要时间去实践验证并不断地完善其应用方式。

版权行业的发展现状

在以传统出版发行为主的年代，唱片和书籍是版权的主要载体。互联网的诞生，让网络音乐和网上小说成了人们津津乐道的文娱产品，在互联网发展的红利期，伴随着网络媒体和门户网站的发展，人们迎来了融媒体混合发展的阶段。一方面，点击率开始逐步抢占收视率的市场份额，网剧、网络综艺的兴起让数字版权成为社会关注的焦点。另一方面，移动互联网时代的到来，让人们真正迎来了自媒体时代，从开设个人公众号、头条号和知乎专栏到后期短视频的爆发，自媒体的内容生产形式更加丰富，"微版权"的概念悄然登场。从时间的纵轴来观察，由于技术迭代的速度在持续加快，版权的形态载体也在不断发生变化；从技术更新的横向来观察，伴随着时间的推移，技术仅仅是将更多的灵感从人们的大脑中解放了出来，使之有了对应的载体，这些版权作品实现了从无到有，却并没有实现从一到更多的跨越发展。侵权的问题、维权的困难仍然是困扰着整个版权市场的两朵挥之不去的乌云。

随着产值、用户数的快速增长，视频行业堪称新经济的一匹黑马。行业发展可圈可点，时至2020年已然发展成了一个千亿级的市场。

在视频行业发展融合的过程中，以视频分享为代表的UGC（User Generated Content，用户原创内容）模式也进一步提高了用户参与内容生产的积极性，开启了自媒体时代大众创业万众创新的热潮。随着网络电影制作、发行的日趋成熟，越来越多的网剧和网络综艺也进入大众视野。传统文化产业正在积极拥抱互联网，加快数字转型的步伐。地方的文化产业园区也在积极进行数字IP的打造和布局，实现线上引流和线下导流的共生发展。用户的在线阅读习惯已经养成；电子竞技被纳入奥运比赛项目，知名电子竞技的网络转播权被拍出天价，比赛当日的流量丝毫不亚于NBA的全明星赛。对比传统的电视直播，网络直播形式更加多元，观众通过弹幕等方式可以实现更多的交互。

当前，我国网络版权产业继续保持快速增长趋势，用户的付费习惯在逐步形成与完善，据统计，目前我国网络版权产业用户付费规模为3184亿，占比突破50％。中国网络版权产业各领域正积极融合发展。在平台生态的发展上，各个巨头企业也从传统一把抓的粗犷式发展过渡到了专业细分的战场争夺，次元的破壁、内容社交、内容电商为版权赋予了更多隐含价值。从"制造中国"到"智造中国"，"原创"成了文化创造产业的关键词，各种形态的版权作品也在和新技术实现融合发展。比如VR视频、沉浸式的剧场音乐等，未来技术和作品的融合将呈现更加多元的发展。

虽然中国的网络版权产业一直保持着快速增长态势，但同时也面临着流量红利衰减的挑战。近两年中国移动互联网人均使用时长同比仅增加8.7分钟，用户人均单日使用时长临近饱和，因此，提高存量消费市场的质量是未来竞争的焦点。

为什么版权保护这么困难

1.盗版及侵权泛滥

数字内容复制几乎零成本，但内容的版权登记却缺乏高效便捷途径，侵权成本低；并且，存在大量内容版权信息及授权规则不清晰的情况，很多时候在第三方平台付费下载的内容还是会受到版权所有者的追责，无法满足"取得合理授权"的需求。

2.确权难，维权成本高

据国家版权局公布的数据，2017年，全国著作权登记总量达2 747 652件，同比增长36.86%。面对数以百万计的数字内容，受限于传统的登记制度，快速产生的作品很难在第一时间得到确权保护。很多作品都选择加入了平台方的保护计划中。殊不知，由于不同平台之间的天然壁垒，盗版者却能神不知鬼不觉地将创作者的作品"搬运"到不同平台以获得收益或者直接通过微商、咸鱼的方式进行售卖盈利。由于不同平台对内容的审核和保护力度不一，很多时候侵权行为的发现都是在作品被侵权一段时间之后，随着时间的推移，证据收集也更加困难。

其实版权登记本身并不会花费很多金钱，但整个过程比较耗时耗力。很多原创者选择找第三方机构代办，可是由此一来便提高了成本。据市场调查，中介每次的代理费用在500~5000元不等。作为一个连续的内容创作者，哪怕小有名气，也很难承受这么高昂的费用。如果是批量的摄影作品，代理的费用动辄就要上万，这会大大打击创作者的积极性，让创作者望而却步。而没有经过确权的作品一旦发布在网络上，就等同于"裸奔"，等作品被侵权的时候才意识到确权的重要性，为时晚矣。

其实无论是持续的原创作者还是门户网站，未经许可的转载，甚至是被抄袭都是家常便饭，维权的过程中获得法律认可的证据是关键。但现实生活中版权所有者往往难以找到侵权证据或用受法律认可的方式对侵权证据进行有效保存。哪怕留存了相关的证据，如果发现了侵权的现象，将面临投诉手续复杂、法律诉讼成本高、周期长等问题。

举个例子：假设一位作者的作品有30个侵权方，从搜集证据到最后拿到全部赔偿，预计总体耗时4~6个月，总成本在9万元左右。根据现行侵权判决标准80~300元／千字，最后判赔额一般不会超过6万元。因此总体上维权成本和维权收益是不对等的。这使得维权者经常陷入赢了官司却输了钱的窘境。加上分到的收益少，许多律师不愿意接知识产权保护类的案子，维权者甚至面临维权无门的困境。

3.内容中介平台强势干预，抑制优质内容创作动力

互联网内容分发中介平台凭借网络规模效应，掌握大量用户流量，绝对主导内容的推荐、分发。一方面，内容平台收入分配比例不公平，压缩内容创作者收益，如Apple Music和Spotify等音乐流媒体平台甚至会分得创作者80%的收入。

另一方面，文创内容消费由生产端向用户端倾斜，小众审美和个性化定制流行起来，但在中心化内容平台的算法驱动下，新晋优秀作者的内容不得不去迎合平台的分发逻辑，导致很多优质作品被埋没或不得不

进行修改。

4.大量虚假信息，优质内容挖掘成本高

互联网内容平台尤其是自媒体的爆发性增长，极大提高了内容生产和传播的效率，但是由于原始信息发布的主体及传播途径很难追溯，加上"眼球经济"的刺激，大量"爆炸性虚假内容泛滥"，网络信息的真实可靠性变得难以判断，挖掘优质内容的成本持续上升。

"区块链+版权"行业发展的环境

"区块链+版权"的政策支持

2017年10月，党的十九大报告中，倡导创新文化，强化知识产权创造、保护、运用。

2018年9月，北京互联网法院正式成立，这是继杭州互联网法院后的国内第二所互联网法院，为互联网版权纠纷提供了更加快捷的司法处理渠道。

2019年3月5日，第十三届全国人民代表大会第二次会议隆重开幕。会上，"知识产权"作为两会热词，成为2019年中国新经济风向标。

2019年11月25日，中共中央办公厅、国务院办公厅印发《关于强化知识产权保护的意见》，对我国进一步加强知识产权保护做出全面部署。作为新时代我国全面加强知识产权保护的纲领性文件，意见提出了两大阶段目标：

第一阶段，力争到2022年，侵权易发多发现象得到有效遏制，权利人维权"举证难、周期长、成本高、赔偿低"的局面明显改观。

第二阶段，到2025年，知识产权保护社会满意度达到并保持较高水平，保护能力有效提升，保护体系更加完善，尊重知识价值的营商环境更加优化，知识产权制度激励创新的基本保障作用得到更加有效的发挥。

同时对新时代强化知识产权保护做出了系统谋划和整体部署。

一是强化制度约束，确立知识产权严保护政策导向。包括加大侵权假冒行为惩戒力度、严格规范证据标准、强化案件执行措施、完善新业态新领域保护制度。

二是加强社会监督共治，构建知识产权大保护工作格局，包括加大执法监督力度、建立健全社会共治模式、加强专业技术支撑。

三是优化协作衔接机制，突破知识产权快保护关键环节。包括优化授权确权维权衔接程序、加强跨部门跨区域办案协作、推动简易案件和纠纷快速处理，加强知识产权快速保护机构建设等。

四是健全涉外沟通机制，塑造知识产权同保护优越环境。包括更大力度加强国际合作、健全与国内外权利人沟通渠道、加强海外维权援助服务、健全协调和信息获取机制等。

通过连续三年的政策走势，我们感受到国家对于知识产权和原创自主的重视程度越来越高。只有做好知识产权保护，才能使得我们国家的文化软实力越来越强，才能强化年青一代的民族自豪感和认同感。值得关注的是，早在2018年，中国最高人民法院在《关于互联网法院审理案件若干问题的规定》中，就承认了区块链存证在互联网案件举证中的法律效力，时至今日，通过区块链成功判决的版权保护类案件已经上千件。2019年10月24日，习近平总书记在集体学习时将区块链提升到了国家关键核心技术的层面。未来，区块链技术在知识产权保护领域将会大放异彩。

"区块链+版权"的经济环境

2018年，中国网络版权产业市场规模达7423亿元，同比增长16.6%。数据分析显示，自2006年至今，中国网络版权产业连续10余年保持高速增长态势，已经崛起成为推动我国版权产业振兴的核心支柱及驱动我国数字经济发展的重要引擎，并在全球网络版权产业格局中取得了举足轻重的地位。

在产业结构与盈利模式方面，短视频、直播等新业态发展势头迅猛，盈利模式逐步成型，市场份额占比显著提高，推动网络版权产业结构更为多元化。尤其是近两年爆发的短视频产业，依托用户消费时长的高增长性，达成了300%的高倍增长速度，远高于其他细分业态。

特别值得关注的是，2019年中国网络版权产业核心业态走向稳定，产业结构更加多元，盈利模式逐步成型，新业态展示出巨大潜力。中国网络版权产业市场规模达9584.2亿元，同比增长29.1%。2019年中国网络版权产业盈利模式主要包括用户付费、版权运营和广告收入三类。其中，广告及其他收入达5060亿元，占52.7%。用户付费规模达4444亿元，占46.4%。版权运营收入规模达83.4亿元，占0.9%。

另外，在全球区块链公链平台上的版权保护项目也表现强劲。截至2018年5月，全球区块链内容版权领域上线交易平台的31个项目，总市值

17.35亿美元，平均市值0.5亿美元。其中STEEM（去中心化内容分发平台）市值最高，达6.12亿美元。全球"区块链+垂直行业"领域周均市值238.8亿美元，其中内容版权行业市值合计为11.1亿美元，占比4.7%。区块链内容版权行业短期增长迅速，未来还将会有更大的发展空间。

"区块链+版权"的社会环境

依托于政策的支持和国家知识产权局的领导，各协会组织携手平台公司，也积极开展针对数字版权侵权的"保卫战"。中国音乐著作权协会（下称"音著协"）不断扩大会员规模，同时积极与抖音、好看、秒拍等平台企业开展版权合作，加强内容版权管理。截至2018年年底，会员总数达94 135个（含出版公司和自然人会员）。"音著协"不断改进管理方法，推出网上著作权许可系统；加强维权力度，为会员权利人办理维权案件共244件，其中网络侵权案件76件。

中国文字著作权协会（下称"文著协"）新增个人、集体会员656名（个），截至2018年年底，会员数达到99 176个。"文著协"通过设立剽窃者"曝光台"回应会员关切和其他著作权人的投诉，追究侵权者法律责任；2018年，"文著协"为文字作者收取版权费首破1000万元。

随着中国网民规模的增长，网络视频用户规模有望进一步上升。由此可以看出，行业依然享受互联网普及和中国庞大人口基数带来的人口红利。

我国居民人均可支配收入持续增长，为优质内容付费的意愿不断增强，中国用户的付费习惯正逐渐养成。尤其是近几年网络游戏和网络直播的盛行使得用户付费意愿强劲，网络文学、网络音乐、网络视频、网络漫画、网络媒体的用户付费规模和人均付费值都有显著的增长，这预示着行业发展仍有巨大潜力。

版权行业的健康发展离不开市场的正向认可和推动，对比过去讲究"后发优势"和"借鉴主义"的畸形发展，现在文创产业各方更加关注自我IP的塑造，各大平台也在通过各种激励手段留住头部的PGC（专业生产内容，全称Professin Generated Content）用户，让"意见领袖"发挥引领作用，带动更多的交互，来形成PGC+UGC（用户生成内容，全称User Generated Content）联动的商业布局。这样成功的商业模式已经获得用户的认可，极大提高了数字版权行业的商业化程度，这是拉动产业规模整体增长的关键所在。在抖音、快手等"社会化视频"领域，头部主播也是保持用户黏性和拉动用户增长的关键因素。就产业整体发展态势而言，核心驱动力依旧是头部IP。哔哩哔哩在UP主[1]的生态建设上就是通过一个正向的激励生态，让头部的UP带动小UP，形成共生繁荣的良好生态。

"区块链+版权"的技术支持

2019年，我国5 G发展进入快车道，大数据、AR／VR、人工智能等新一代信息通信技术快速发展。新技术与内容产业深度融合，突破文

---

[1]UP主，指在视频网站、论坛等上传视频音频文件的人，是Uploader的简称。

化资源传播形态与空间的边界，促使文化消费向虚拟式、碎片式、沉浸式发展，新业态不断涌现。

过去两年，短视频应用迅速崛起，用户规模达6.48亿人，网民使用率高达78.2%，市场规模达到140.1亿元，同比增长率达520.7%，成为各大内容平台竞相布局的战略高地。目前，数字版权和新型技术已经形成了融合发展的新型业态模式。游戏直播、音乐短视频、VR/AR游戏等领域开始成为新的风口，为基于数字版权的文创产业带来了新的增长动能。新型业态产生了巨大拉动作用，个性化推荐得到广泛普及，且随着专业编辑+算法推荐模式的不断优化，相信其会越来越符合社会公众的信息消费需求。

值得额外关注的是短视频行业的爆发。在传统视频行业面临运营成本高昂、用户黏性有限的背景下，短视频则以轻资产运作、社交化运营的模式成为行业黑马，其中的精彩预告、前情提要、弹幕提示等模式，让品牌与内容的结合更加合情合理，提高了观众对于品牌信息的接受度，这也为网络视频产业的营收带来了新的增长机会。

在新技术的推动下，数字内容的传播速度和广度正呈现爆发式增长。在利用新技术降低创作成本，提高创造质量的同时，利用好加强版权保护和运用，让其为版权产业的发展有力护航也至关重要。2018年，北京互联网法院开始进行案件审理，杭州互联网法院首次确认区块链技术存证的电子数据的法律效力，创新采用"异步审理模式"，突破时间、空间限制，为当事人诉讼提供便利的同时提高庭审效率，体现了司法机关在技术新态势下的有益探索和制度创新，降低了权利人维权成本。各大互联网企业也在积极探索和实践用技术手段对版权内容的保护方案，在大数据、区块链等技术的支撑下，主动防控侵权盗版行为，开发智能化、专业化的版权管理系统，加强对侵权盗版行为的在线识别、实时监测、源头追溯，对侵权盗版行为实行永久封禁、注销账号等极为严厉的处理措施。

区块链，版权保护的新利器

"区块链+版权"本质上是构建一个集内容创作、版权认证和版权交易三位一体的分布式内容协作平台。它的核心在于为所有的小微内容发布者创建统一的元数据标准，通过区块链技术实现元数据上链、确权和保护，通过智能合约实现快速版权交易和秒级可信授权，从根源上解决内容版权信息不安全、转载授权规则不明确与版权交易市场不标准的三大痛点，为高数字化水平的版权内容领域提供区块链的解决方案。

区块链如何赋能版权保护

区块链技术，核心能够实现数据的分布、一致性存储，所记录数据具有不可篡改、公开透明和可追溯的特性，对于需要数据存证、跨主体信任协作的领域具有突出改造力。

在内容版权行业中，区块链技术对于版权信息的存证、内容创作及分发的激励以及版权资产证券化等衍生金融交易，具有较高的改造力。基于区块链全方位推动内容版权保护、去中心化分发以及版权资产全生态金融，能够有效构建一个运转流程更高效、利益分配更合理的内容产业。

1.基于区块链的秒级版权认证

区块链版权认证系统（见图8-1），利用区块链去中心化和防篡改特性，将用户的作品存证于区块链中，防止丢失、篡改，并以作品进入区块链的时间戳来增加其作品归属的权重。每一个上链的作品都会有自己的"DNA"，它是独一无二属于作品本身的，在任何平台任何时间下，都能通过这串"DNA"找到作品的原始作者和原创时间，起到认证作用。

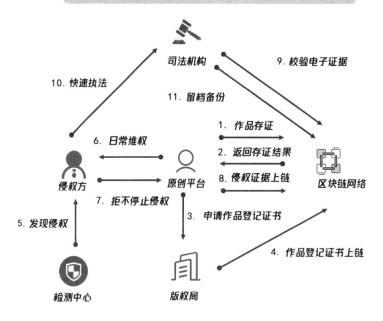

图 8-1　区块链版权认证系统

2.实时版权保护

区块链实时版权保护系统可24小时全网监控，主动发现侵权目标，有效解决传统手段发现侵权难的问题。发现侵权后可一键取证，包括URL[1]网页取证、桌面录屏取证、连续截图取证、录像取证等，完成取证后可以将证据同步公证及鉴定机构，固化证据，防止抵赖。一旦系统检测到侵权行为，会自动触发智能合约。侵权者会在第一时间收到系统的警告，如果侵权者没有第一时间停止侵权行为，系统会自动将留存的证据对接互联网法院，互联网法院会根据基于区块链可信的证据迅速做出判决，追究侵权人的法律责任。

3.区块链版权挖掘和交易体系

区块链的核心在于在链条上的各方都可以公平地为生态做出更多的贡献，其中的"通证"经济的设计尤为重要。很多创作者的作品内容十分出彩，但是没有足够的分发和推广渠道，最终淹没在信息爆炸的潮水中。相反，一些营销号却依托着"封面党""标题党"等具有欺诈性的宣传方式，却能获得流量的青睐。在区块链的版权保护平台上传并确权作品后，基于区块链的投票和推荐机制更加真实可靠，可以有效防止"水军"的侵袭。

对于版权内容的消费者来说，整个系统上的版权归属关系公开透明，符合版权保护的法律需求，消费者无须再通过不同的中心化平台实现版权的交易，再也不用担心付费的作品还是不能合法商用。因为在区

---

[1] URL,一般指统一资源定位系统。

块链系统上的版权交易是点对点的交易，就好像你再也不用为去菜市场购买蔬菜而担心是否有问题，而是你直接跟农民进行交易。试想一下，基于区块链的音乐版权市场，让你不必为了听不同歌手的音乐而去同时安装几个音乐软件，购买多个平台的收费业务；创作者同样不必再依附于平台或者唱片公司，创作者将原创音乐放入区块链系统后，还可以利用智能合约保证艺术家本人获得全部版权费用。

"区块链+版权"保护的案例

基于区块链存证的判例：

1.侵害作品信息网络传播权纠纷案

2018年6月28日，杭州互联网法院对一起侵害作品信息网络传播权纠纷案进行了公开宣判，首次对采用区块链技术存证的电子数据的法律效力予以确认，并明确了区块链电子存证的审查判断方法。

该案原告为杭州某文化传媒有限公司。2017年7月24日，被告深圳市某科技发展有限公司在其运营的网站中发表了原告享有著作权的相关作品，原告诉至杭州互联网法院，要求对方删除相关稿件，赔偿原告著作权侵权损失6200元。值得注意的是，原告公司在向法院举证存在侵权行为的时候，并没有采用传统的公证方式，而是使用了目前最新的区块链存证技术——在诉讼前，直接通过第三方存证平台，对侵权网页进行了自动抓取及侵权页面的源码识别，并将该两项内容和调用日志等的压缩包，计算成哈希值上传至 Factom区块链和比特币区块链中作为证据保存，在起诉时作为证据向法院提交。法院在审理中认为，通过可信度较高的自动抓取程序进行网页截图、源码识别，能够保证电子数据来源真实；采用符合相关标准的区块链技术对上述电子数据进行了存证固定，确保了电子数据的可靠性。

最终，在确认哈希值验算一致且与其他证据能够相互印证的前提下，法院认定该种电子数据可以作为本案侵权的依据。在本案中，法院能够顺利判决的前提条件是版权的归属已经十分明确，而区块链技术只是被运用于侵权证据的保存，并且法院的认定也是在确定本案中的区块链存证内容是原始的、中立的且未被篡改的之后才做出的。

国家在监管层面不断地健全完善网络诉讼规则，推动网络空间治理法治化。

知识产权上链的第一步是要确定作品的产生时间，传统的方式规定必须经过登记程序的作品才能享受到应有的版权，而基于区块链创作平台的，只要作品创造问世，版权就生成了。随着各国对知识产权保护的力度不断加大，政府也意识到通过传统的登记方法和流程手续很难适应互联网时代下数字版权的保护，大量的人工成本和时间成本也使得在进行版权保护的流程中仍然存在很多的不便利，而区块链却能够很好地解决这些问题。

2.Flixxo——结合点对点的价值激励的内容分享平台

Flixxo结合了 BitTorrents（比特流）及智能合约建立了一个合法、去中心化的内容分配网络。在Flixxo中，创作者可以从自己的内容中获得收益。他们将通过与"seeders"（在 BitTorrent网络愿意分享自己已下载内容的人）分享收益，刺激渠道的分发动力，同时移除没必要的中介。

随着用户数量的增多，网络带宽及储存容量也会相应增加，使它变得更加有效，并能够容纳更多用户。

作为"区块链+版权"的先行军，Flixxo大胆地结合了创作平台、创作者和版权认证系统，同时通过"通证"激励的形式，将社会上闲置的硬盘资源和带宽资源利用起来，大大降低了中心存储的成本，也提高了整个系统的安全性和分布式程度。但是Flixxo在对于创作者激励的层面仍然需要经过时间的检验，来增加激励的灵活程度，以期获得更多的创作者留存。不过，Filxxo的实践为版权+区块链的激励生态提供了很好的借鉴思路。

目前，"区块链+版权"的商业项目主要形态为两种模式：第一种是通过区块链技术为版权作品提供存证服务，对比传统的审核认证流程，基于区块链的版权存证更加便捷高效，同时成本更低。第二种则是将创作平台的底层嵌入区块链，使得创作者在创作—认证—交易的全流程环节可以得到保护，实现"作品问世即上链"。敢为人先的项目则将平台的通证和收益作为激励，从单纯的技术服务拓展到整个生态的联合运维服务。

面对信息数字化的浪潮，版权作品从生产环境到传播渠道，再到展现环境，都已经逐步摆脱了传统的方式。作品版权的申请方式和流程也在发生变化，以使其更加符合数字化和信息化的现实环境。区块链实现了对作品不可篡改的永久存证，有效地利用了时间戳和分布式存储等特性，也解决了数字化文件易篡改、易丢失等传统痛点。通过密码学技术，为原创作品生成唯一标识码，将其与作品其他信息共同存储在区块链的分布式网络当中，相当于为原创作品登记了一张"电子身份证"，能够为版权保护中心提供对电子化作品进行审查、登记、存管的解决方案。除此以外，区块链的多元参与机制纳入了公正节点，可以完成在线审核工作。公证处对区块链内的权属信息和侵权证据提供"证据保全"服务，可以进一步强化其司法效力，为创作者提供更加完善的版权综合服务。

"区块链+版权"市场展望与挑战

"区块链+版权"市场的展望

区块链+版权的探索刚刚起步，无论是基于区块链的数字版权存证、数字版权点对点交易，还是版权发行的通证激励，互联网法院+区块链公正的试点，让我们看到未来基于区块链的数字版权市场大有可为。基于区块链技术的发展，我们可以对区块链+版权的市场做以下展望：

区块链和数字版权的融合将会很大程度上取决于智能合约的人工化程度，人工智能将会和智能的版权判定做深度结合，无论是视频的关键帧抓取还是音频的音节重复单元，都需要人工智能来做模拟和分析才更加快捷，现阶段在试点的过程中，人工审核还是十分必要的，未来人工智能将在很大程度上解决这一痛点。

中国各地的特色文创产业小镇将是未来区块链+版权的科技企业的关注焦点，特色小镇是原创作者的聚集地，拿下小镇等于拿下一批原创作者，和小镇做高度绑定等于和原创作者做了高度绑定。

中国将会开设更多的互联网法院，以满足信息时代的司法需求。基于区块链的版权保护最终都会有智能司法作为关键节点，一方面保证不同区块链之间标准的统一；另一方面也可以为区块链的版权保护增添公信力与可信力。

版权中介平台将会持续放利来保留客户，未来版权的中介平台会趋于去中心化，原创作者的话语权会越来越大，原创者的作品评级将会更加公开透明。

基于区块链的版权存储将会利用闲置的分布式网络，分布式存储将会在区块链版权保护领域发挥至关重要的作用。

"区块链+版权" 市场面临的挑战

首先是安全问题。加密算法是区块链保障安全的重要技术支撑，但随着密码学和计算机科学，尤其是量子计算机这些竞争性或反制性技术的飞速发展，使这一机制的安全性在一定时间跨度内受到了严峻的挑战。同时，系统内的隐私保护也存在着安全隐患，因为区块链公开透明、可追溯的特性就意味着各节点都要有部分或者全部的备份，无法做到完全的匿名，很可能会成为反匿名技术破解的突破口。其他如"女巫攻击"和"双花问题"也是目前区块链技术面临的"瓶颈"和难题。

其次是效率问题。区块链的效率受制于区块膨胀的问题，因为区块链需要在每个节点存储一份数据进行备份，但随着海量数据的日益扩增，其对存储空间技术的要求也会日益增高。虽然目前已经有类似于分布式存储协议的出现和诞生，但是当大体量尤其是图片和视频的上链需要占据大量的空间，目前的技术尚未被成功验证其保真度和抗攻击程度。

再次是市场环境的变化。相较于大多数还在概念验证期的垂直领域，区块链内容版权行业的业务模式已较为清晰，主要集中在版权存证、版权及衍生品交易、内容创作与分发激励3种模式，市场竞争已进入比拼战略执行力的关键阶段，并且竞争机会将会快速消失。一方面，以上业务模式横向跨越壁垒低，现已出现业务融合趋势，未来很有可能造成业务同质化，加剧市场竞争。另一方面，此业务领域对于IP资源、用户资源的积累有较大依赖，传统巨头进入，也会带来巨大威胁。区块链+内容版权，能够有效推动版权保护、IP资产衍生金融业的发展，一定程度上能够优化产业利益分配格局，但并未从根本上创造出全新的消费需求。如何能够创造出新的消费需求，如何与现存版权相关法规政策协调一致，如何快速建立与巨头企业的合作关系，很可能将会是该领域从业者接下来需要重点关注的问题。

第九章

区块链+游戏娱乐

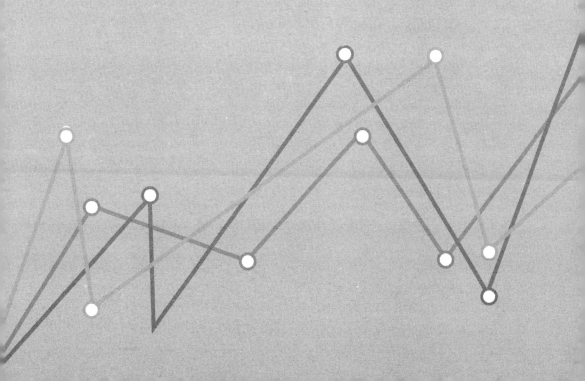

"区块链+游戏"会碰撞出什么火花

在没有电脑的时候，游戏似乎是小朋友的专属名词，老鹰捉小鸡、跳皮筋和跳房子是"70后"儿时的回忆；到"80后"这一代，出现了"街机霸王"和"拳皇97"等很经典的游戏机游戏，当时谁可以拥有一个"小霸王"，绝对是玩伴眼中的羡慕对象；到了"90后"这一代，计算机开始普及，越来越多的网页游戏和端游如雨后春笋般出现。伴随着计算机技术的发展，电脑游戏从策划到设计都更加精良，对比贪玩"蓝月"到风靡全球的DOTA[1]，就可见一斑；在"00后"的时代，游戏从电脑端迁移到了手机端，掌上游戏的风靡让男女老少都成为屏幕前的玩家，无论是家喻户晓的网上斗地主、四川麻将，还是最高日活1亿的"王者荣耀"，都反映了人们越来越倾向于更便捷快速的游戏方式。

随着年代的变化，我们可以看到，游戏的形态和人们对于游戏的认知与看法也在发生变化。最早的游戏是小伙伴们一起制定规则，所有人都是游戏的创造者，同时也是玩家。到互联网时代，网络让五湖四海的

---

[1] DOTA，游戏名。

人低成本地享受在线的对抗与合作，玩家和开发被逐渐割裂开来，出现了开发者、运维者和玩家社区。这时人们不禁会猜想，未来游戏的形态还会发生哪些变化，VR技术的成熟是不是真的可以让现实与虚拟的边界更加模糊，到那一天，游戏的各方参与者又会是一种怎样的共生关系？参与各方又可以在游戏形态迭代和产业变革中获得哪些机会？

每一次技术革新的浪潮，都会给相关行业带来一波红利期。区块链技术作为当下最热门的风口之一也不例外。"区块链+游戏"，将会开启链游的"大航海时代"。

说到"区块链+游戏"，就不得不提到曾经风靡一时的"加密猫"（Crypto Kitties）游戏，这款诞生于2017年10月的养成类游戏应用，一上线就成为以太坊的爆款，因为参与游戏的人数激增，甚至造成了以太坊网络的严重堵塞。时至今日，它依然是"区块链+游戏"应用历史上的一座里程碑。两年间，总计超过9万个以太坊地址参与了该游戏，累计有超过62万次记录在链上的猫咪交易，总计交易金额5.87万以太坊，约合1068万美金。如果是按照每只猫的交易实时价格来算，总交易额高达2765万美金。作为一款古董级应用，加密猫Crypto Kitties的名字时至今日还在被圈内圈外人士不断提起，其影响力和IP传播性可见一斑。开发团队DapperLabs一战成名后，连续获得三轮总计3890万美金的融资。

时隔三年，再看这款游戏，我们可以发现他只是一种虚拟资产，并没有可靠的信用背书，所以也没有恒定的价值，价格也只是跟着游戏的火爆程度波动的一条曲线罢了，到最后它的日活也一路滑坡，维持在几百。但是，正是因为这款现象级区块链应用以太猫的横空出世，区块链游戏才正式进入大家的视野，也正是通过这款游戏，人们看到了未来区块链游戏时代全新的蓝图。

加密猫（Crypto Kitties）的玩法十分简单，通过代币购买一只加密猫，你就拥有了这只加密猫的所有权，智能合约会自动在以太坊上对加密猫进行确权，加密猫无法消失，哪怕游戏关闭了服务器，它也永远属于你，虚拟财产完全归属于个人。基于以太坊区块链上发行的加密猫具有唯一性，通过不同加密猫之间的配对，你可以获得更稀有更珍贵的加密猫，在本质上更像是带有金融属性的虚拟资产标的。加密猫的应用和区块链的结合，为何可以在区块链行业以及游戏行业激起这么大的涟漪？因为它告诉了世界上所有的玩家，基于区块链的游戏可以使得你的虚拟资产得到永久的保护，虚拟资产的交易也不仅仅局限于某个固定的游戏公司；对于区块链从业者而言，他们看到了以太坊上不只有发行代币这一种应用，一个兼具可玩性和金融属性的游戏产品也是区块链天然落地的场景之一。

目前，全球已经出现了近万余款区块链游戏，但是区块链游戏的活跃度却不容乐观。大部分区块链游戏几乎无人问津，活跃度上千的区块链游戏就已经是寥寥无几了。对比近百万日活的PUBG[1]和千万日活的"王者荣耀"，区块链游戏还处在很初级的阶段，甚至全网的活跃度加起来都不及腾讯的小游戏"跳一跳"。虽然从活跃度上来看，区块链的游戏可能还不及主流游戏的千分之一，但是区块链游戏的先行者却都是有着强烈付费意愿的用户群体。因为区块链天然的金融属性和其公开透

---

[1] *PUBG*,游戏名。

明的特点，让很多类博彩游戏在其中大放异彩。号称史上"最透明"的资金盘游戏 *Fome3D* [1] 在上线不久就聚集了超过了2万个以太坊，价值3000余万元。它的玩法也十分粗暴简单：只要你是最后一个出价的人，并且这个价格维持 24 个小时，那么奖池里的代币就会奖励给你。其开发团队将这款游戏定义为映射人性的一面镜子，在击鼓传花的游戏里每个人都是贪婪的雪花，雪崩的时候，没有一个人是无辜的。

通过观察现在区块链游戏的发展，我们不难总结出以下几个特征：流量小，玩法单一，金融属性强，混乱程度高。区块链游戏（链游）这个行业，还处在野蛮生长的幼生期，是一个风很大、路很长的赛道。

一个如此不成熟的行业，链游为何可以引爆一个又一个舆论的焦点？我们不妨将目光拉回到2014 年——智能手机刚刚问世的年代，当时手机的性能很单一，运行游戏也十分卡顿，网速也只能支撑简单的游戏模式，相比相对成熟的端游，很多人开始质疑甚至否定手机游戏的未来。但是，游戏作为一种成熟的商业模式，从互联网的早期就被成功验证，在产业转型的过程中只是将相似的模式转换了一种载体。时至今日，当你进行着画面精美的在线对抗时，进行着百人同场的游戏竞技时，你不会想象到这一切在5年前是多么不可思议。现在的区块链游戏，就好像五年前的手机游戏一样，虽然很稚嫩，但是依然被寄予厚望。这个以技术为信任纽带的游戏新场景，这个贯穿了虚拟世界、虚拟资产和链上规则的新产物，将会点燃多少爆点，为这个千亿市场带去可以燎原的星星之火呢？

---

［1］*Fome3D*，游戏名。

链游有哪些类型和玩法

养成类链游戏

玩家需要在游戏中培育特定的对象（人或动物），并进行繁殖和交易。

养成类链游的代表："加密猫"（Crypto Kitties）、"玩客宠"（One Thing Pet）等。

游戏玩法（以"加密猫"为例）：在游戏中，玩家使用平台代币进行电子猫的购买、喂食、照料与交配等，每一只加密猫都具有与以太坊相同的安全性，每只加密猫都是独一无二的，它不能被复制、带走或破坏。游戏中的基本操作有三种：购买、繁殖、出售。每一种操作的本质其实都是平台代币的交易，都需收取一定的手续费。手续费的多少是根据网络的拥堵情况，越拥堵交易手续费越高。加密猫的好坏主要看两个属性，一个是代数，另一个则是冷却时间。

代数是指这只猫咪是第几代出生的。比如，0代猫和1代猫繁殖出来的猫就是2代猫；4代猫与7代猫繁殖出来的猫就是8代猫。通常来讲，代数越高，猫咪的特征就越差，价值也就越低，这就使得零代猫是具有最高价值的。冷却时间是每只猫咪生育后都会经历的一个冷却时长，在此期间，这只猫咪不能进行繁殖。冷却时间被分为不同等级，最短冷却时间仅为1分钟。每只猫咪繁殖两次后冷却时间都会被降级，所以，很多人购买加密猫以后都只繁殖一次就转手出售，为的就是降低损失。

因为"加密猫"并没有内在价值的支撑，它的价格仅仅是其火爆程度的反应。由于玩法较为单一，长远来看不具备收藏和增值的价值。但是"加密猫"的创造团队希望通过加密猫的繁殖和比赛让人们熟悉区块链，让普通消费者能够近距离地接触到区块链"去中心化""自我主权"以及"分布式分类账本"内在的逻辑和价值。"加密猫"作为打响区块链游戏的第一枪，具有里程碑式的意义：一方面通过加密猫这类的区块链养成类游戏，让人们看到了区块链技术正在颠覆传统收藏行业；另一方面也让玩家感受到了链游区别于传统中心化开发游戏的特性。

沙盒类区块链游戏

这种游戏有比较大的开放式场景，玩家可以在游戏世界中自由行动，是一种高度自由化的游戏。

沙盒类区块链游戏代表："细胞进化"。

游戏玩法（以"细胞进化"为例）："细胞进化"是一款基于区块链的去中心化的沙盒经营策略游戏，所有的玩家扮演一个细胞族群。在这个族群里，玩家需要平衡总体的适应性、生存性与繁殖性。当细胞族群的方向失衡，整体将会进化失败。细胞进化的开发者Ling说："'细胞进化'不仅仅是个游戏，也是个真正的社会群体实验。你在这里扮演了一个原始细胞，而无数个你将会决定我们共同的命运。"

"细胞进化游戏"内置四个基础操作——繁殖、进化、变异、休眠。随着操作的变化，游戏顶部内部的存活日、细胞数、外部环境、繁殖性、适应性、生存性、生命周期的数值都会随之变化。

每点击一次繁殖，细胞数量和存活日的数值就会+1，存活日数值最高在100左右。

进化需要扣除较高的生命周期，所以玩家需要尽量避免连续点击两次进化，否则很容易就会死亡。变异则有三种模式，并且被设定在短时间之内探索并且难以完全发现，给游戏造成了更多不确定性和惊喜。恢复数量与生存性和外部环境有关，也具有一定的随机性，但休眠只加外部环境的数值。

细胞数量越多，各个属性越高，分数越多。繁殖进化变异休眠的每一次操作都会减少一半的细胞数量。当生命周期小于零时，游戏就结束了。

这个游戏是开发者Ling独立开发的游戏。作为沙盒策略类链游，只需要一块钱就可以玩一天的"细胞进化"，让我们看到哪怕是在区块链游戏的幼生期，仍然有很多开发者不是奔着"割韭菜"的目的进行创造。虽然这款游戏操作很简单，界面也很单一，但是它更像是开发者对于世界认知的一个缩影。而区块链的加入，让沙盒类的游戏有了整体观，以前沙盒游戏往往是单机一个人玩，而现在玩家们不仅可以结合在一起，而且每个人的不同玩法还能决定沙盒生态的走向，这也正是区块链与沙盒游戏结合的特点之一。因为真正的区块链游戏，一定是一个具有去中心化特性的群体游戏。

卡牌类区块链游戏

此类游戏是以收集卡牌为基础的，游戏者收集卡牌，然后根据自己的策略，灵活使用不同的卡牌去构建符合规则的套牌，以进行对战和自由交易。

卡牌类区块链游戏代表："绿洲足球""以太水浒"等。

游戏玩法：区块链卡牌类游戏的玩法现阶段就是传统卡牌类游戏的区块链版。比如*Sky Weaver*是一款基于以太坊的卡牌类游戏，所有卡牌通过智能合约存储在以太坊上。玩家通过赢得战斗、提升排名获得新卡牌，卡牌可以相互赠予或者通过交易平台进行交易。这类游戏的玩法大同小异，核心价值在于从传统的互联网过渡到区块链上，可以保证稀有的卡牌永远归属于玩家，并且稀有卡牌的价值和相关属性不会受到游戏开发者的左右。

卡牌类区块链游戏是链游早期的一个爆发点，因为它天然的易操作、易交互的特点对区块链主网的要求不会太高，可以在玩家体验交互上实现无缝衔接。同时，卡牌类的游戏内在的价值在于对知名IP的复用，传统的四大名著、神话传说的知名IP可以在卡牌手游上得到很好的复刻体现，暴雪、*DOTA*、迪士尼和漫威等一些隶属于知名集团的IP也可以得到充分利用，基于区块链的链游一方面保护了玩家的权利，另一方面也可以对知名IP起到保护的作用，无形中增加了IP的价值。从这个视角观察，不难发现为什么区块链成为很多知名卡牌游戏开发工作室跃跃欲试的板块。

竞技类游戏（包含角色扮演和动作游戏）

玩家可参与竞赛和投资，获得相应的奖励，为了丰富游戏体验，开发者往往在其中增添很多动作元素和发展剧情。

竞技类游戏代表案例："量子英雄""以太坦克大战"等。

游戏玩法（以"量子英雄"为例）：区块链游戏"量子英雄"讲述了一群富有理想的玩家，带着各自独有的武器互相竞技，最终称霸天下的故事。"量子英雄"中每个英雄都是独一无二的，且百分之百只属于玩家自己，不能被复制、带走或破坏。每个量子英雄的角色都是可以进行融合的，具有内嵌和攻击力相匹配的基因系统，玩家可以在不确定性中获得游戏PK的快感。

竞技类的游戏在链游的生态中属于占比较小的部分，因为竞技类的游戏往往对制作水准有更高的要求。在竞技类游戏中，打斗的快感、剧情的丰富程度等这些可以增强游戏体验性的因素往往是决定一个游戏玩家留存度和依赖度的关键指标。受制于区块链游戏的早期形态和游戏底层技术设施的限制，大制作的区块链游戏很难第一时间在区块链平台上进行可操作度的测评。根据历史的经验，大制作的游戏往往在出现形态稳定，且底层技术取得突破性进展的环节才会涌现出来，所以关于竞技类的大手笔区块链游戏，还有更长的路要走。

综合类区块链游戏

综合类游戏是所有类型游戏的汇总呈现模式，其内在的对战系统、收藏系统、交友系统和沙盒类的游戏玩法，让游戏的趣味性、可玩性和金融属性达到了一个动态的平衡。综合类的游戏往往是资本密集型和人才密集型的游戏产物。在区块链的链游时代，尚未出现完全基于区块链的大型综合类游戏，但是目前已经有不少主流游戏厂商，开始将综合类游戏的某些板块逐步迁移到区块链上。

游戏玩法（以"一起来捉妖"为例）："一起来捉妖"是腾讯出品的主打户外、VR和社交的新型掌上游戏。玩家可以通过定位，到户外指定地点收集精灵，进行精灵养成和对抗，以及专属猫的收藏。值得一提的是，它的对战系统可以将游戏内的多种元素融合发展，将割裂开来的游戏元素赋予1+1＞2的特性。在"一起来捉妖"的白皮书里，这样介绍到区块链在其中的意义：游戏产业绝大多数环节都是纯数字化的、虚拟化的。游戏世界原本就存在用户社群、虚拟商品交易、代币结算，这也与区块链应用的很多要素不谋而合。区块链的运行原理决定其自发性和不可篡改性。区块链的交易信息采用非对称加密，保证了交易信息的准确性和安全性。

"一起来捉妖"是2019年区块链游戏的一个新爆点，其一， 这是作为世界游戏巨头的腾讯第一次开始进行自研式的区块链游戏探索；其二，在现阶段区块链底层技术不发达的状态下，其链上+中心化的组合方案为很多区块链游戏开发者提供了新的思路和工具方法；其三，虽然"一起来捉妖"不能称之为严格意义上的纯区块链游戏，不过其内在的价值传输内核却是完全的区块链逻辑。这体现在以下几个方面：

1.数据可信任

通过区块链账本多节点记录独一无二的线上数字藏品，虚拟道具内容、数量、抽取概率等核心数据存储于区块链上，游戏运营方无法滥发游戏商品和道具。

2.区块链使游戏数据透明、可信任

减少由于运营商和玩家间的权力不平等带来的各种矛盾和纠纷。游戏道具确权游戏中的虚拟物品是玩家最重视的资产之一。区块链可为游戏道具的权利流转提供安全可控的存储方式。基于网游企业的研发设计，在允许道具交易的游戏中，买卖行为变得难以篡改，在保障交易安全的同时，也为玩家持有虚拟财产、数字藏品提供了可能。基于多中心化的存储，只要网络存在一天， 这些道具就可以永远存在，不受中心化运营模式的影响。对于玩家来说，这近乎是一种绝对拥有。

3.加强了区块链道具在游戏中的实际作用

与市面上的"加密狗""玩客猴"等区块链游戏相比，"一起来捉妖"的玩家在游戏中带上某只专属猫进入战斗时，全员会增加某部分属性，从而可能更容易赢得战斗，增强了游戏的体验和黏性。

4.通过区块链账本实现游戏进程中的资产传承

游戏道具资产一旦上链，转移、拆分、提现等操作都会通过账户公钥、私钥严格控制起来，并且所有的操作都会有签名校验，交易双方都会留下痕迹。游戏道具的传承将被永久保存记录下来，为玩家和虚拟角色建立充分的情感联结，让它成为玩家永恒的记忆。

5.安全保护用户的虚拟资产

虚拟资产存储在多节点记账的区块链上，且受到安全的保护。就算游戏运营方数据库被入侵，也不会造成用户游戏财产的丢失或盗用。

6.媒体节点的引入

将部分媒体引入区块链节点，对游戏中的区块链专属猫交易进行监察。对于媒体而言，在技术上有能力对游戏资产是否公正、超发进行监督。

通过对不同区块链游戏的观察，我们不难发现，游戏的玩法与规则是万变不离其宗的。而区块链+游戏真正的意义在于借助区块链技术中的"公开、公正、公平"特点，解决传统游戏设计中由于黑盒、暗改、玩家地位不对等带来的玩家对运营方的不信任问题。区块链游戏尚处于早期阶段，不少游戏往往是以普及区块链概念作为游戏的出发点，而不是以可玩性为出发点的。作为黑科技的土壤，早期区块链游戏的初衷是让更多人看到区块链这项技术的价值。人类学习最好的方法就是玩耍和实验。回想Facebook和人人网的早期，都是通过游戏获得了第一波流量红利。从用户角度来看，初期的游戏尝试者也是开发者互相交流切磋，碰撞出新火花的角斗场。端游、页游和手游的发展规律告诉我们，从小众群体走向普通大众，从鲜有人问到家喻户晓，伴随着游戏形态载体的变化，其未来发展的前景也仅仅是一个时间函数而已。而唯一的区别在于，这个时间函数的加速度是越来越快的，因为产业技术的迭代速度也在呈指数增长。

区块链游戏的未来发展

区块链如何重塑游戏的价值链

区块链技术为未来游戏的发展提供了价值传输的技术平台。从传统麻将，到网络游戏，都包含一些基本元素：规则、玩家、虚拟资产和组织者。规则在区块链游戏的世界里被赋予了更多意义，因为中心化的角色被大大削弱，而交易和流通的属性逐渐增强，所以在一开始，游戏上层激励规则的设定就显得十分重要；玩家和组织者的形态关系由对立走向共生统一，回归社区是所有区块链游戏的最终梦想；虚拟资产将会变得更加重要，对比中心化的游戏生态，未来链游的生态系统中，虚拟资产将具有更强的金融属性，甚至能突破虚拟和现实的"瓶颈"，在两者之间自由流通。

基于游戏的四大基本元素，区块链也将从这四大板块来重塑游戏：

第一，规则层面：核心玩法上链，核心的激励模式被写入智能合约。

第二，虚拟资产层面：用户近乎绝对拥有游戏的资产，资产的流动性和金融属性被大大加强。

第三，玩家和游戏生态的组织者开始融合发展，未来将成为游戏的真正主人。

第四，组织者：重塑游戏的开发模式，由中心化向分布式过渡，组织者的价值将越来越倾向于在游戏前期激励机制的设定，IP的复用和植入也将成为未来区块链游戏成功的关键登录点。

区块链游戏虽然有很多不尽如人意的地方，但是它改变了传统游戏规则中不透明和暗箱操作的问题。

区块链游戏的核心规则都发生在链上，用户真实拥有游戏的资产，可借助智能合约进行交易流通。玩家拥有的虚拟资产，诸如道具、积分和武器，一旦拥有便决定它不会被中心化的开发者删除和改动。而过去中心化的开发者拥有权力对物品的特性进行大刀阔斧的改动，以此来更好地销售新的道具，让玩家更有意愿来购买。尽管许多国家的法律保护游戏中的虚拟资产，但虚拟资产依赖于游戏的存续，一旦网游关闭服务器，游戏的道具将变得一文不值。

而一旦游戏资产上链，游戏的资产即归用户所有，并且可以进行交易或者流通。一直以来虚拟资产虽然具备一定的流通性，但都是限制在一定的场景内。而若通过外部的游戏资产交易平台进行交易，则需要交纳高昂的手续费，以用户在STEAM社区的交易为例，贩卖虚拟道具获得的钱必须存储在STEAM的钱包，平台会扣除15%的手续费。玩家对虚拟资产的所有权、使用权和分红权被碎片化地剥夺。而链游将会从根本上解决这一痛点，证实资产真实属于自己，无法被剥夺或者被分发。通过游戏原生的通证和新的通证互相兑现，实现游戏外的价值流通。

一款新的游戏能否成功，越来越依赖于分发渠道和推广程度，PC单机游戏、端游、页游和手机游戏繁荣的背后是流量的支持。而在目前游戏流量竞争的红海时代，流量支持的成本十分高昂。新的游戏需要获得新的用户，而目前游戏开发者进行游戏迭代最常使用的方法是利用已有的游戏给新的游戏导流。比如端游的QQ飞车为掌上飞车导流，以期在形态迭代的同时尽可能多地保留原有用户，增加新用户。

在这个游戏IP重复利用的环节，区块链将产生积极的引流作用。比如链上的虚拟资产可以进行提取，然后在新的游戏中进行使用，以获取一定的奖励。虽然现在的区块链游戏没有流量，没有一个可以媲美传统游戏平台的链游厂商，周边的测评媒体也鲜有发声，但是所有的生态分子都可以基于区块链的权属确定、激励机制来为游戏贡献想法，成为游戏的开发者之一。游戏繁荣之后带来的收益将牢牢绑定这些想法的贡献者，汇小流以成江海，最终实现小渠道的共赢——这也将是未来区块链游戏异军突起的一支强有力的助推剂。

可喜的是，目前虚拟资产的跨平台、跨游戏的传递已经初见端倪。这也使得游戏之间的交互性玩法更加多样，以"加密猫"为例，已经有不少收藏类的链游开始读取用户地址上"加密猫"的资产，虽然角色来自"加密猫"，但是逻辑来自新的游戏。这个板块的想象空间十分大，在跨IP的游戏场景下，不同的开发商可以进行合作，共同设计。

或许有一天，我们可以实现$DOTA$和Lol[1]的战斗，实现高达和钢铁侠的合作对抗。

在组织者的维度，区块链会重塑游戏的开发方式。以前的游戏有开发者、运营方、玩家，传统的生产关系被划分好了，游戏的核心在于开发者，但是在区块链游戏中这些关系会被弱化。有人就致力于设计一套基于区块链游戏生态的投票系统，玩家可以给游戏直播，给游戏开发副本，制作新的任务线条甚至成为游戏内的NPC。而依据贡献度，未来玩家也会获得游戏生态发展的分红，实现游戏与玩家的共同成长。

下面总结一下区块链游戏和传统游戏的区别。链游的开发者需要考虑区块链的底层性能，而传统游戏注重打怪升级。与传统游戏相比，区块链游戏对于虚拟资产保护和交易将会产生更高的要求。作为区块链游戏的开发者，现阶段要找到游戏性和金融性的结合点，让区块链游戏变得更具用户黏性和可持续性。反观区块链游戏，自2016年以来，从蹒跚学步，到初具雏形，再到资产上链和规则上链，在未来，将实现核心游戏上链，乃至整个游戏上链。

未来区块链游戏几点预测

1.游戏性的提升

正如游戏的发展历史——先有小游戏试水，之后制作精良、水准上乘的游戏逐渐浮出水面——一样，随着区块链底层技术的完善和并发性

---

[1] Lol，游戏名。

能的提高，逐渐可以支撑起未来更加丰富且可玩性更高的区块链游戏，玩家的游戏体验也会越来越好。

2.游戏品类更加丰富，同质化链游将趋于统一

大IP的游戏可以利用区块链来实现资产互动，提升游戏的可玩性和联动性。社区的属性可以使得游戏的互动大大增强，但是区块链游戏从落地到发展会遇到更多的障碍。在游戏同质化十分严重的今天，很多只是照搬端游和手游的内容，并没有对区块链进行专门的优化。因此可以预见，在未来的一段时期内，链游的死亡率将会大大提高，头部效应将会越来越明显。

3.底层公链的性能将是链游发展的关键"瓶颈"

虽然现在区块链游戏想把核心的规则放到链上，但是目前公链的性能尚不能支撑起大型游戏的交易属性和内在的规则。目前的区块链游戏交易成本仍然很高，用户的体验度将会大打折扣。

4.游戏上层通证经济的设计将成为关注的焦点

链游上层通证经济的设计，将成为保持游戏的平衡性、增强游戏黏性的关键。传统的闭环游戏由于中心化的存在，可以随时以全视视角进行平衡的调整，但是一旦将权利逐步转移到玩家手中，在设计的伊始，就要考虑到不同游戏和不同生态之间的激励活动。

5.区块链游戏的周边产业未来可期

过去20年，游戏行业作为朝阳行业保持了高速的增长态势。目前游戏行业的用户共5.8亿，其中手游用户5.5亿，页游用户2.6亿，端游用户1.6亿。整个市场规模2500亿元，其中手游1161亿元，端游649亿元，页游156亿元，海外市场约500亿元。你可能不是一位区块链游戏的从业者，但是在基础设施和开发者工具、跨游戏的区块链虚拟资产交易市场，基于区块链游戏的分发平台，游戏周围的媒体生态、游戏周边和增值服务这四大板块中，未来或许也有属于你的机会。

一开始区块链游戏都是在普通的公链上开发的，比如"以太猫"开发在以太坊上面。而现在有越来越多的区块链游戏是在新兴公链平台EOS、TRON上开发的。反观公链的发展，Dapp是目前各大区块链公链网络上部署的重要应用。但是这些公链往往只是能够提供一些标准化的开发工具，这些工具可以适用于金融、医疗、溯源等众多板块，其中也包含游戏。但是专门为游戏而生的垂直类公链才是最适合的基础设施。未来为游戏而生的公链将会提供数字资产开发环境和链上数字内容资产化、管理与交易生态的完整支撑体系，使得开发者能够低成本、高效率地进行开发，在数字资产的商业模式下持续地获得收益。

区块链的技术设施相当于高速公路，而完备的开发者工具包就是高速公路上的加油站，可以为开发者在驶往目的地的过程中提供便捷的补给和工具服务，而针对开发者的工具要适用于未来区块链游戏的大生态。比如，伴随着区块链上虚拟资产的出现，需要虚拟资产交易市场工具、流量汇聚的中心平台和渠道分发平台、简单的通证钱包搭载工具、区块浏览器来进行交互和补充。因此，只有包含了公链的基础设施+完善的链游开发者工具包的平台，才能构成一个完善的区块链游戏开发平台。

这个平台主要服务于游戏开发者进行游戏的开发，其特点在于建设去中心化的游戏开发协作社区，相比于传统开发平台中心化以及封闭的特性，此类游戏开发平台成员流动性更强，参与退出的机制更为灵活，开发者通过工作量证明的机制获得收益，平台的利益即整个社区的利益。

第二类是跨游戏的区块链虚拟资产交易平台。链上游戏的扩展和虚拟资产的产生与确权，使其流通性将会成为链游生态的新高地。未来，基于区块链的未来虚拟资产交易平台将成为交易标准的关键制定者与维护者，一个好的跨链交互系统，一个可以满足数据体量扩增的存储方案以及一套可以得到广泛共识的跨链资产交互协议都将成为行业的竞争焦点。

第三类是区块链游戏的分发平台以及相关媒体。在玩家社区中，总会出现一批PGC玩家，他们一方面是这个游戏中的"佼佼者"，有很强的组织能力，可以使得已有用户更具黏性或者带来更多新鲜血液。他们有的是帮派的领袖，有的是直播红人甚至是在国际大赛上为国争光的职业选手，他们的核心特性是具有极强的凝聚力，是一个去中心化游戏社区中的"小中心"。如何成为一个个"小中心"，或者将一个个"小中心"串联起来，形成泛中心化的生态网络，将是链游生态的下一个关键点。他们的进入和离开都伴随着蝴蝶效应般的流量增减，他们为游戏带来的流量和关注度将是各个链游争夺的焦点。不同于传统的中心化游戏生态，开发者可以通过资本留住这些"头号玩家"。未来，这些"头号玩家"的话语权会随着游戏的社区化属性逐步提高，以实现各个中心间的动态平衡以及利益的分配，避免出现权利悬殊的"贫富差距"或者通过预先设定的机制实现游戏从开发伊始到成型的平稳过渡。

第四类是游戏周边和增值服务。比如基于线上IP的线下产品，甚至是电影衍生品，也会是一个巨大的市场。因为区块链技术对于版权，尤其微版权的有力保护，游戏周边以及增值服务将会大大降低成本。相信伴随着IP的复用和品牌的强化，未来巨人脚边的土壤将会更加肥沃。

笔者的一位学生，也是深耕区块链游戏的一位创业者，经常把《头号玩家》这部电影挂在嘴边。在他眼中，那是虚拟现实的最终幻想。在人口资源枯竭的未来，人类沉迷于虚拟现实，现实与虚拟的边界变得越来越模糊。而这一切，表面的逻辑是带宽的飞速发展、存储的突飞猛进和VR技术的广泛应用，实际的内在逻辑却和区块链惊人地相似。

在《头号玩家》这部电影中，所有玩家的游戏数据都没有一个中心的游戏存储器，每个人都有一份完整的游戏备份在自己的分布式账本里，个人信息完全匿名，任何节点的宕机都不会影响整个世界的运转。绿洲币是游戏中的通用货币，游戏内的装备就像现实世界稀缺的住房资源，玩家需要在虚拟世界中通过打拼获得相应的财产，系统只是创造了公平，财富按劳分配。当主人公获得第一把钥匙时，全网账本同步，每个人都收到了这条共识确认的系统广播……

试想，那时的游戏和现在有何相同，又有何不同？相同点是都能创造快乐，且都是对现实世界的补充；不同点是未来的链游时代会更加关注财富的创造。当经济的标的成为以人为中心的注意力的转移之际，是不是也会出现一个和国民生产总值GDP相似的指标，叫"国民虚拟生产总值"呢？

但是，我们仍需要清晰地看到链游早期的不完善和不成熟，对于击鼓传花的资金盘游戏和类博彩游戏要有善于观察的眼睛。新事物的发展，会经历很长的低谷期和混沌期，但是技术无罪，它的本质是把未来游戏生态的更多可能性填满。虽然未来链游的战场也注定会一片狼藉，但我们相信从激烈的竞争中留下来的那些优质项目，将会带给我们更多欢乐及更多价值，这些都值得我们耐心地等待。